Succulent plants

Echeve

Matsuoka Shu

NHK Publishi

NHK

趣味の園芸

12か月栽培ナビ
NEO

多肉植物
エケベリア

Echeveria

松岡修一

Contents

[本書の使い方]

本書はエケベリアの栽培に関して、1月から12月の各月ごとに、基本の手入れや管理の方法を詳しく解説しています。また主な原種・品種の写真を掲載し、その原産地や特徴、管理のポイントなどを紹介しています。

エケベリアの素顔と魅力
→5〜14ページ
エケベリアの分類や楽しみ方、主な分布地やその環境などを紹介しています。

エケベリア図鑑
→15〜56ページ
エケベリアの原種、交配種のなかから100種について写真で紹介。それぞれの種の主な原産地、栽培の注意点に関する解説もつけました。

12か月栽培ナビ
→57〜97ページ
1〜12月の月ごとの手入れと管理の方法について初心者にもわかりやすく解説しています。主な作業の方法は、主として適期にあたる月に掲載しました。

育て方の基本
→98〜103ページ
エケベリアを育てる際に知っておくべき置き場、水やり、肥料や用土など、栽培の基本を解説しています。

エケベリア栽培Q&A
→104〜110ページ
エケベリアの栽培でつまずきやすいポイントをQ&A形式で解説しています。

ラベルの見方

★★★★☆ ←③

カンテ ←②

サカテカス州 ←④

①→ *Echeveria cante*

白い粉を葉全体にまとい、最大径は40cmにもなる大型種。その美しい株姿から「エケベリアの女王」とも称されるほど。以前は*E.subrigida*とされていたが、1970年に現在の学名に変更された。手で触れたり、雨に当てたりすると白い粉が落ちてしまい、成育上よくないので注意。 ←⑤

① 学名
② 学名のカタカナ表記(または園芸名)
③ 栽培難易度を5段階で表示
★☆☆☆☆　とても育てやすい
★★★☆☆　普通
★★★★★　とても難しい
④ 主な原産地／交配種は交配された国
⑤ 特徴、栽培の注意点など

●本書は関東地方以西を基準にして説明しています。地域や気候により、生育状態や開花期、作業適期などは異なります。また、水やりや肥料の分量などはあくまで目安です。植物の状態を見て加減してください。
●種苗法により、品種登録された品種については譲渡・販売目的での無断増殖は禁止されています。また、品種によっては、自家用であっても増殖が禁止されていることもあるので、葉ざしや株分けなどの栄養繁殖を行う場合は事前によく確認しましょう。

ロゼット形（バラの花のような形）のきれいな姿と、
白、緑、青、黄、赤など、さまざまな色をした
葉が魅力的なエケベリア。
園芸入門者からマニアまで幅広い層を魅了する、
多肉植物のなかの人気者です。
比較的コンパクトなサイズで育つのもうれしい点です。

Chapter 1

エケベリアの素顔と魅力

'大和美尼'×'青い渚'

エケベリアの素顔

どんな植物?

エケベリアの特徴は、なんといっても美しく整った葉の形でしょう。肉厚の葉が幾重にも重なって、バラの花を思わせます。葉の色やつやは種類によって異なり、バリエーションもじつに豊か。秋から冬には、色鮮やかに紅葉するものも多く、観賞上の大きな楽しみの一つになっています。

植物学的には?

エケベリアは、ベンケイソウ科エケベリア属(*Echeveria*)の多年草もしくは低木で、約200の原種が知られています。分布地は約8割がメキシコですが、中米や南米の北西部から中央部に分布する種類もあります。原産地は高原地帯の乾燥地が多く、乾季と雨季がはっきりと分かれ、葉は水分をためられるように多肉質になっています。

葉が地表で放射状に広がった姿は「ロゼット(rosette)」と呼ばれます。ロゼットの直径は小型種で3cm程度、大型種では50cm程度。短い茎からわき芽を出して、子株をつくることもあります。園芸的には、こうしたロゼットの1つのかたまりを「頭」と呼ぶこともあります。また、春にわき芽から花芽が出て、花茎を伸ばし、先端部に色鮮やかな花が数輪ずつ開花します。

園芸植物としてのエケベリア

花を思わせる美しい株姿から、観賞用として世界中の愛好家の間で栽培され、園芸品種も数多く生まれています。日本でも古くから育種が行われてきました。

近年では、韓国や台湾、中国などで育種交配が盛んになり、日本にも優れた品種が輸入されています。一部の種類を除き、手ごろな価格で入手できるのも、人気の理由の一つになっています。

栽培上は、原産地の環境と日本の栽培環境の違いから、主に春と秋に成長する「春秋型」の多肉植物として扱われます。

栽培上の魅力としては、①種類が豊富、②入手が比較的容易でコレクションしやすい、③葉ざしや株分けなどでふやしやすい、④交配も容易で気軽にオリジナル品種づくりに挑戦できる、などがあげられます。

エケベリアの名前の由来

属名は18世紀メキシコの画家で、自国の植物探検調査隊に加わり、『メキシコ植物誌』などに多数の植物画を残したアタナシオ・エチェベリア・イ・ゴドイ(Atanasio Echeverría y Godoy)にちなんだもの。19世紀前半にスイスの植物学者オーギュスタン・ピラミュ・ドゥ・カンドールによって命名されました。

エケベリアの魅力

1 ロゼット形に広がる葉

ふっくらとした肉厚の葉が幾重にも重なり、八重咲きのバラの花を思わせる。栽培ではこのロゼットをいかに美しい状態で維持するかが腕の見せどころ。

2 葉の色と形が多彩

色は濃緑から黄緑、赤紫、紅まで。表面は光沢のあるもの、白い粉で覆われたもの、葉先は爪形、丸形、フリル状のものなど、バリエーションが豊か。

3 紅葉が美しい

気温の下がる10月ごろから紅葉が始まり、12月には色鮮やかに。しかも、色づき方は種類によって千差万別。3月ごろまで美しい紅葉が楽しめる。

4 花も色鮮やか

葉だけではなく、花も見どころ。種類によって大きさが異なり、黄や赤、オレンジ色などの色鮮やかな花が次々に開花。花茎の太さや長さも多様。

エケベリアの楽しみ方

エケベリアには大小さまざまな種類があります。
色や株姿も多様なので、鉢との組み合わせしだいで
楽しみ方もいろいろ。寄せ植えにも向きます。

1. 小鉢でミニの株を楽しむ

ロゼットの直径の最小は3cm程度。ミニサイズのかわいい株をたくさん集めて、1株ずつ小鉢に植えて飾りつけ、ミニチュア感覚で楽しむ。

2. 大鉢づくりで楽しむ

大型種は直径30cm以上に育つ。年数をかけて、多めの肥料と水分でふっくらと育てていくと、徐々に大株になり、存在感のある姿が楽しめる。

エケベリアは1日室内に置いて観賞したら、数日間は戸外で日光に当てるなど、
基本的には戸外で育てましょう（詳細は57ページからの「12か月栽培ナビ」を参照）。

3. 鉢との組み合わせを楽しむ

焼き物に植えつけると、アジアンテイストの落ち着いた雰囲気に。エケベリアの表情は植え込む容器によって大きく変化。「鉢合わせ」で株の個性を生かす。

4. 斑入り葉を楽しむ

なかには斑入りの種類も。不規則に斑が入るものから、白斑が広く入って明るくやわらかな雰囲気のものまで。人工的なプラスチックのような質感もおもしろい。

‘七福美尼’、エレガンスなど
（他にエケベリア以外の
多肉植物も使用）

プリドニス（園芸名＝花うらら）、‘ミニベル錦’、
アガボイデス、エレガンス、‘リガー’、‘相府蓮’、
‘パール・フォン・ニュルンベルグ’など

5. 寄せ植えにして楽しむ

エケベリアはゆっくりと成長するため、寄せ植えが長期間楽しめる。少しずつボリューム感が増していく姿も楽しい。秋は紅葉して、宝石箱のように（90～91ページ参照）。

エケベリアの原産地

岩の割れ目は理想の生育環境

ノドゥロサ。岩の割れ目は雨水が流れ込みやすく、養分もたまりやすい。また、適度に日陰になって、日中には高温になりにくい。周囲には地衣類も生えて、一定の水分が保たれていることがわかる。メキシコ、オアハカ州。

原産地の環境は?

約200種の原種があるとされるエケベリア属のなかで、150種以上はメキシコ国内に分布しています。そのほかの種類は中米と南米の北西部から中央部の国々に分布しています。

エケベリアの主な原産地は、代表的な気候区分ではステップ気候から砂漠気候の乾燥地帯がほとんどですが、実際にエケベリアがよく見られる場所はいわゆる砂漠とは異なり、高原地帯の山や丘の多い地域です。

メキシコの北部から中央部にかけて広がるメキシコ高原は、アメリカとの国境近くでは標高1000mほどですが、南にかけて高くなり、2000mを超える地域もあり、多くの湖沼や河川があります。こうした高原地帯では昼は高温になるものの夜は気温が下がります。また季節によって雨季と乾季がはっきりとしているものの、まったく雨の降らない月はめったにありません(98〜99ページ参照)。

エケベリアはこのような地域の山や丘の斜面の岩や石の裂け目やくぼみなど、水分や養分が比較的集まりやすい場所に根を下ろし育っていることが多いようです。周囲には、ほかの植物が生えていて、エケベリアのなかには、しばしば木の幹に着生する種類も見られます。

P / Osada Ken

急斜面は水はけもよく風通しもよい

アラータの原産地。株立ちして育ち、花茎を伸ばして、赤い花を咲かせている。エケベリアがよく見られるのは、平坦な場所よりも山の崖や急斜面。水はけがよく、常に風が当たる。メキシコ、オアハカ州。

木の幹に着生する種類も

木に着生したアラータ。樹上は水はけ、風通しがよく、有機質に富むため意外と肥沃な場所。メキシコ、オアハカ州。

エケベリアの分布地

エケベリアはメキシコの大部分の州で見られますが、多くの種が北部から中央部のメキシコ高原に分布し、バハ・カリフォルニア半島やユカタン半島には限られた種しか見つかっていません。

メキシコ以外では、グアテマラ、ホンジュラスなどの中米、コロンビア、ベネズエラ、エクアドル、ペルー、ボリビア、アルゼンチンなどの南米にも分布しています。

モンテレイとサン・ルイス・ポトシの月別気温と降水量は98～99ページを参照してください。

メキシコの州の数は32。ここでは16～21ページの「エケベリア図鑑」で取り上げた原種が分布する州名のみを明記した。

メキシコの主な分布州と本書で取り上げた原種

① シナロア州	アフィニス
② ドゥランゴ州	アガボイデス、アフィニス
③ コアウイラ州	クスピダータ
④ ヌエボ・レオン州	クスピダータ、シャビアナ、リラキナ
⑤ サカテカス州	カンテ
⑥ タマウリパス州	クスピダータ、シャビアナ、ルンヨニー
⑦ サン・ルイス・ポトシ州	アガボイデス
⑧ ハリスコ州	アガボイデス、コロラータ
⑨ グアナフアト州	アガボイデス、エレガンス
⑩ ケレタロ州	エレガンス、ハルビンゲリー
⑪ イダルゴ州	アガボイデス、エレガンス、ハルビンゲリー、ミニマ
⑫ プエブラ州	ノドゥロサ、ピーコッキー、プルプソルム
⑬ ベラクルス州	ディフラクテンス
⑭ オアハカ州	ノドゥロサ、プルプソルム、ラウイ

Chapter 2

エケベリア図鑑

原種、交配種、属間交配種に分けて、
人気の品種から比較的希少な種まで
100種類を紹介。

原 種

エケベリアは6ページでも触れたように、大半がメキシコ原産です。全部で200種以上が確認されていますが、日本国内で一般に手に入れやすい原種は20種ほどです。
（地名はいずれもメキシコの州名）

★★★★☆

カンテ

Echeveria cante

サカテカス州

白い粉を葉全体にまとい、最大径は40cmにもなる大型種。その美しい株姿から「エケベリアの女王」とも称されるほど。以前は*E. subrigida*とされていたが、1997年に現在の学名に変更された。手で触れたり、雨に当てたりすると白い粉が落ちてしまい、成育上よくないので注意。

Echeveria laui

★★★☆☆

ラウイ

オアハカ州

直径約20cm。強い紫外線から身を守るため、白い粉で厚く覆われている。真夏も遮光率は低めのほうが夏越ししやすい。冬は水を少なめにし、風通しよく管理。子株ができにくいため、タネからふやすとよい。自家受粉するので花後も花茎を切らずにタネが熟すのを待つ。

Echeveria colorata

★☆☆☆☆

コロラータ

ハリスコ州

直径10～12cm。紅葉時には株全体がほんのりピンクに染まる。丈夫だが、肥料が多いと葉が割れることがあるので、成長期の元肥は少なめに。花芽が多く上がるので、タネをとらないなら早めに切る。子株を吹きやすく、葉ざしでもふやしやすい。

★☆☆☆☆

リラキナ

Echeveria lilacina

ヌエボ・レオン州

直径15〜20cm。リラシナと呼ばれることが多い。比較的暑さや寒さに強い。水を少なめにすると株姿が乱れず、きれいなロゼット形を保てる。粉が取れやすいので触れないこと。葉ざしでよくふえる。特に自家受粉しやすいので、交配時には注意。

★☆☆☆☆

ハルビンゲリー

Echeveria halbingeri

イダルゴ州、ケレタロ州

直径5〜8cm。原種のなかでもバリエーションが多く、産地によりさまざまな姿を見せる。丈夫で交配親としても優秀。きれいにまとまった形の交配種がつくれる。子株をよく吹き、群生しやすい。葉ざしでもよくふえるが、葉が折れやすいので注意。

★★★☆☆

ディフラクテンス

Echeveria diffractens

ベラクルス州

直径7〜8cmほどの小型種。親株から小さなロゼットを何本も立ち上げ、先端から花芽が伸びる。花茎の葉を外して、葉ざしでふやせる。真夏の直射日光や高温にさらされると株が弱り枯れることがあるので、高温を避ける。

★☆☆☆☆

エレガンス

Echeveria elegans

グアナフアト州、イダルゴ州、ケレタロ州

直径7〜10cm。「月影」の園芸名でも知られる。丈夫で育てやすい。バリエーション豊富で多くのタイプがあり、ポトシナ、アルバの名で知られていた種類も本種に統合されている。タイプにもよるが、子株をよく吹きふやしやすい。真夏以外は日光を十分当てると、引き締まった姿に育つ。

Echeveria cuspidata

★★☆☆☆

クスピダータ

コアウイラ州、
ヌエボ・レオン州、
タマウリパス州

直径8〜10cm。葉先の爪が独特で特徴的。細葉、長葉、爪の色などのバリエーションが多い。交配親としても人気があり、よく使われる。比較的丈夫で育てやすいが、真夏の蒸れに弱いので、風通しよく管理。タネまきでも葉ざしでもふやせる。

Echeveria agavoides

★☆☆☆☆

アガボイデス

ハリスコ州、ドゥランゴ州、イダルゴ州、
グアナフアト州、サン・ルイス・ポトシ州

アガベのような鋭角の葉とエッジの色が魅力。ほかの原種とのかけ合わせでも、さまざまなタイプの交配種がつくられている。大きくなるものは、直径30cmを超えることも。大株に成長すると、子株が出るようになる。

Echeveria affinis

★★★☆☆

アフィニス

ドゥランゴ州、シナロア州

直径10〜15cm。美しい黒い葉が人目を引く。黒い交配種を生み出す交配親としても使われる。花は赤。真夏に葉が落ちる場合は、遮光を強くして防ぐ。葉ざしで簡単によくふえる。自家受粉しやすいので、交配時には注意。

★★★★☆

ミニマ

Echeveria minima

イダルゴ州

直径5cmほどの小型種。よく群生する。蒸れに弱いので、枯れ葉や古い葉を取り、株元を風通しよく。花茎を多く伸ばすので、タネをとらないなら早めに切る。子株がかなり密接するため、外すときはカッターナイフを使う。

★★★★☆

ノドゥロサ(ノデュロサ)

Echeveria nodulosa

オアハカ州、プエブラ州

直径8〜9cm。「紅司」の園芸名でも知られる。細長い葉が基本だが、丸葉や葉の表面にこぶができるものも。高温、蒸れに弱い。根も細いため、高温時には白い鉢を使い、地温を上げない工夫を。幹立ちするので、頭を切ってふやす(88ページ参照)。葉ざしもできるが、成功率は低い。

★☆☆☆☆

ピーコッキー

Echeveria peacockii

プエブラ州

直径10〜12cm。白さが目を引き、美しくて丈夫。サブセシリスやデスメチアナなどの名で知られる種類もある。日光不足だと特に株が間のびしやすい。真夏以外は日光によく当てると株が締まり、白さを保てる。胴切り(75ページ参照)をすると子株が吹きやすい。葉ざしでふやせる。

★☆☆☆☆

ルンヨニー

Echeveria runyonii

タマウリパス州

直径10〜12cm。丈夫で育てやすい。真夏以外はよく日に当てて管理。白い粉をまとっている種類の特徴として、強い日ざしに強く、日光が不足するとロゼットがくずれて、だらしない姿に。株元からたくさんの子株を出す。葉ざしも容易。

Echeveria purpusorum

★★☆☆☆

プルプソルム

オアハカ州、
プエブラ州

大きなものは直径10～15cmになる。どっしりとした重厚感があり、全体に赤い斑点が入るもの、葉幅が広いもの、葉が短いものなど多様。花の数は少ない。葉が密に重なるので、葉ざし時には水を切り、葉を少し柔らかくすると外しやすくなる。写真の株は葉ざしでふやしたものだが、最初から分頭していて、そのまま成長した。

Echeveria shaviana

★★★☆☆

シャビアナ

ヌエボ・レオン州、
タマウリパス州

直径5～8cm。おおらかなロゼット形。縁が波打つ葉が可憐で非常に美しい。夏の高温に弱く、下葉が枯れて落ちやすい。カイガラムシに注意。花茎が太くて堅く、成長点を押しつぶすことがあるので、交配を行わないなら早めに切る。子株が出やすく、葉ざしも成功率が高い。

交配種

エケベリアは日本をはじめ世界中で盛んに園芸品種がつくられていて、膨大な数に上ります。近年は韓国や台湾などでつくられた品種もふえてきました。
(国名は作出された国を示す)

★★☆☆☆

薄《うす》桜《ざくら》

日本

直径10〜12cm。葉は花びらのような淡いピンクで可憐。秋にはより色が深くなる。年間を通じて風通しのよい場所で管理。夏は30〜60%の遮光下で。花芽が上がると株姿が乱れるので、早めに切る。

Echeveria 'Usuzakura'

Echeveria 'Yuki-no-Nagori'

★★☆☆☆

雪《ゆき》の名《な》残《ごり》

日本

直径10～15cm。シルバーホワイトの葉が蝶のような優雅な曲線を描く。夏の強い日ざしで葉が焼けるので、30～60%の遮光をする。水やり過多や日光不足は葉が垂れる原因に。乾かし気味に管理し、締まった株にする。

Echeveria 'Fireworks'

★★☆☆☆

ファイヤーワークス

日本

直径15～20cm。つややかでメタリックな茶色は、秋になると赤みを増して美しく輝く。子株が出にくいので胴切り（75ページ参照）をして子吹きさせる。葉ざしは成功率が低い。真夏に高温が続くと黒斑が出て葉が落ちる。高温を避けて風通しよく管理。

★★☆☆☆

ヒアリナ×シムランス

Echeveria elegans (syn. Echeveria hyalina) × E. simulans

日本

直径5〜6cm。葉が多く、キュッと締まったロゼット形を展開。紅葉時にはラベンダー色になる。丈夫だが、水を与えすぎるときれいなロゼット形がくずれる原因になるので、乾かし気味に育てる。葉ざしでよくふえる。

★☆☆☆☆

リラキナ×アガボイデス

Echeveria lilacina × E. agavoides

日本

直径15〜20cm。暑さ寒さに強く強健。真夏、真冬以外は直射日光下での栽培も可能。株の形もくずれにくい。逆に日当たりの悪い場所で育てると、シックな色合いがあせるので注意。子株もよく吹き、葉ざしでもよくふえる。

★☆☆☆☆

雨《う》月《げつ》

Echeveria 'Ugetsu'

日本

直径12〜15cm。生育旺盛で育てやすい。春、秋の生育期によく日に当てると、より美しいシルバーグレーに。暑さには強いが、真夏は10〜20%遮光。長雨に当てると黒いしみができるので注意。肥料を多めに施すと葉が肉厚になる。

★★☆☆☆

ソルベ

Echeveria 'Sorbet'

日本

直径8〜12cm。シャーベットグリーンで、葉先はほんのりピンク色のやさしい色合い。春、秋の生育期はよく日に当て、風通しよく管理する。長雨に当たると、黒い斑点が出るので注意。葉ざしでふえる。

Echeveria 'Robin'

★★★★☆

ロビン

韓国

直径3～5cm。小型で丸い葉が重なった姿がかわいらしい。紅葉時は中心が濃いピンクに染まり、よりかわいくなる。中心部にたまった水は枯れる原因になるので、吹き飛ばす。葉が小さく葉ざしは失敗しやすい。子株でふやす。

Echeveria 'Koi'

★☆☆☆☆

恋《こい》

日本

直径12～15cm。大輪のキクのような株姿で、和の雰囲気がある。丈夫で育てやすい。日によく当てて育てると、紅葉時に赤みがよりきれいに出る。葉が肉厚なので、枯れた下葉はこまめに取り除き、株元の風通しをよくする。

★★☆☆☆

ホワイト・シャンペーン

Echeveria 'White Champagne'

韓国

直径10〜12cm。韓国のナーセリーSucculents Factoryで作出された銘品。白色系のアガボイデス（19ページ参照）の交配は初で、各国で注目を集めた。育てやすく丈夫だが、真夏の高温多湿で葉に黒い斑点が出ることがあるので、遮光して風通しよく管理。葉ざしでふやす。

★☆☆☆☆

ローラ ×パール・フォン・ニュルンベルグ

Echeveria 'Lola' × *E.* 'Perle von Nürnberg'

日本

直径7～10cm。暑さ寒さに強く育てやすい。紅葉時はうっすらとピンク色に染まる。成長すると幹立ちするので、形がくずれたら下葉を2～3枚残して胴切りをし、仕立て直す。元の株から出るわき芽もさせる。葉ざしでもよくふえる。

★★☆☆☆

リンゴ・スター

Echeveria agavoides 'Ringo Star'

韓国

直径20～30cm。大型のアガボイデス（19ページ参照）の交配種。ゆったりとした葉幅で生育旺盛。子株ができにくいので、胴切り（75ページ参照）をして子吹きを促す。葉ざしでふやすとよい。高温多湿が続くと葉に黒斑が出るので、夏の蒸れに注意。

★★☆☆☆

ダーク・クリスマス

Echeveria 'Dark Christmas'

韓国

直径8～10cm。つやのあるグリーンの葉で、エッジは黒。紅葉時には赤黒くなる。韓国の生産者が大量にふやす過程で斑入りが出たが、株全体に斑が入らず、そのまま日本でも販売されている。葉ざしでふやすと、まれに斑入りが出ることがある。

★★☆☆☆

鯱《しゃち》

Echeveria agavoides 'Shachi'

不明

最大幅約10cm。'東雲'が綴化《てっか》（56ページ参照）した品種。成長点が連なった独特の風貌は世界中で人気。大株になると株間が密になり、風通しが悪く腐りやすい。枯れた下葉はこまめに取り除く。取りにくい場合は数株に切り分ける。高温が続くと外側から葉が落ちるので植え替える。

★☆☆☆☆

スノー・バニー

Echeveria 'Snow Bunny'

韓国

直径5～7cm。丈夫で育てやすく、よくふえるのが魅力。元肥は控えめに。もともと子株をよく吹くので、肥料を多く施すと元の株が大きくならず、子株がよりふえてしまう。花芽の数も多いので、早めに切るほうが株の消耗を防げる。

★☆☆☆☆

イードン・スノー

Echeveria 'Idong Snow'

韓国

直径5～7cmまで育つ。葉の数が多く、まとまった株姿。幹立ちするタイプなので、日光不足や水やり過多で徒長しやすい。夏の遮光率は10～20%がおすすめ。形が乱れた株は、胴切り（75ページ参照）をして仕立て直す。葉ざしでもふやしやすい。

★★★★☆

レモンベリー

Echeveria 'Lemonberry'

韓国

直径10～15cm。ヨーロッパから韓国に輸入されたエレガンス（18ページ参照）に大きな個体が1つ交じっていて、レモンの香りがしたのが名前の由来とされる。性質はエレガンスと同じ。高温多湿で下葉が腐りやすいので、春の植え替え時に下葉を多めに取り、整理するとよい。

★☆☆☆☆

高《たか》砂《さご》の翁《おきな》

Echeveria 'Takasago-no-Okina'

不明

直径20～30cm。フリル系の大型種。大株に育てると、より魅力が引き出せる。水を控えめにするとフリルが強く出て、締まった株姿に。葉ざしには2～3cmの小さめの葉を選ぶとよい。幹立ちしたら切って仕立て直す（88ページ参照）。真夏以外はよく日に当て、葉が垂れるのを防ぐ。

Echeveria 'Da Vinci Code'

★★☆☆☆

ダ・ヴィンチ・コード

韓国

直径15〜20cm。おおらかなカップ状の葉を展開。紅葉時は葉の縁がピンク色になる。子株が出にくいので、胴切をして子吹きを促す。葉ざしは成功率が低い。花茎が太いので交配を行わないなら早めに切り、株姿の乱れを防ぐ。

Echeveria 'Ghostbuster'

★☆☆☆☆

ゴーストバスター

韓国

直径8〜10cm。エレガンス(18ページ参照)の交配種。株が大きくなると子株を出すが、土中に埋もれるように生えるため、よく観察して早めに子株を外すとよい。葉の表面の白い粉が取れると葉焼けを起こしやすくなるので触らないように注意する。

★★☆☆☆

ブラウン・ローズ

Echeveria 'Brown Rose'

日本

直径5～7cm。秋になると赤く紅葉して美しい。真夏の直射日光と蒸れに弱く、夏に株が小さくなりがちだが、秋に古い根を整理して、新しい用土で植え替えると元に戻る。葉ざしでふやせるが、秋に行うと成功率が高い。

★★☆☆☆

七《しち》福《ふく》美《み》尼《に》

Echeveria 'Shichifukumini'

日本

直径7～10cm。かわいらしい赤い爪がよく目立ち、群生する。幹立ちしやすい。胴切り（75ページ参照）をすると子株を吹きやすくなる。葉ざしの成功率は低いため、子株でふやすとよい。真夏の高温で株が小さくなってしまったら、秋に新しい用土で植え替える。

★★☆☆☆

メキシコ・ミニマ

Echeveria 'Mexico Minima'

韓国

直径3～5cm。小型の愛らしい品種。子株をよく吹く小型の他品種と異なり、子株をすき間から切って外しやすい。元肥が多いと株が大きくなる前に子株が出るので、少なめに。花芽も多く出るが、株を大きくするなら早めに切る。

★☆☆☆☆

メランコリー

Echeveria 'Melancholy'

韓国

直径10～12cm。夏の暑さに強く、丈夫で育てやすい。密なロゼット形だが、葉はとりやすく、葉ざしの成功率も高い。元肥が多いと大株になるので、小さく育てるなら控えめに。葉色がくすまないよう、毎年植え替えてきれいな白い葉を保つとよい。

Echeveria 'Biante'

★★☆☆☆

ビアンテ

韓国

直径5～8cm。葉先が丸く、コロンとした姿がかわいい。暑さに強く、下葉が腐りにくい。花芽が多く上がるので、きれいな株姿を保つためには、花芽が見え始めたら切るとよい。子株は株が一定の大きさに成長してから吹く。葉ざしでふやす。

Echeveria 'Medusa'

★★★☆☆

メドゥーサ

韓国

直径15～20cm。葉が内側に向かってくるんと反り返る'トップシー・タービー'の突然変異株で、性質は同じだが大型になる。葉が筒状になり、内側にカールする。花は正常に咲かず、雄しべが開かない不稔性（タネができない）。高温時に傷みやすいので、年1回、秋に植え替えるだけにしておく。子株ができやすく、花茎につく葉でも葉ざし可能。

Echeveria 'Blue Mountain'

★★★☆

ブルー・マウンテ

オーストラリア

直径10〜12cm。細
で青白い葉は紅葉時
は薄いピンク色になり
大株に育てると見ご
えがある。子株が出に
いため、葉ざしでふや
が、葉をとりすぎると
った葉が垂れるので
意。成長はやや遅め。
苗時は水を欲しがる
で、鉢内が乾いたらた
ぷりと。

Echeveria 'Maria'

★★☆☆

マリア

韓国

直径12〜15cm。コ
ラータ(17ページ参照
の交配種。締まった
姿で、秋に株全体が
ンク色に紅葉。水を
えすぎると色があせ
り下葉が腐ったりす
ので、乾かし気味に。
ざしでよくふえる。花
が多く、交配に使いや
い。交配させない場
は早めに花茎を切る。

Echeveria laui × E. runyonii 'Topsy Turvy'

★★★☆☆

ラウイ ×トップシー・タービー

韓国

直径8〜10cm。全体的に白い粉を帯びている。日光不足や水やり過多だと'トップシー・タービー'のようなカールした葉にならず、夏の蒸れや病気に弱くなる。日のよく当たる場所で乾かし気味に育て、コンパクトな美しい姿を保つ。葉ざしでよくふえる。花茎の葉でも葉ざしができる。

Echeveria colorata 'Mexican Giant'

★★★☆☆

メキシカン・ジャイアント

不明

直径20〜30cmにもなる大型品種。春、秋の成長期には真っ白な迫力ある姿を楽しめる。夏の遮光が強いと葉が軟弱になり、病気になりやすい。粗めの土に植えて乾かし気味にし、日光によく当てる。葉ざしは葉が外しやすい小苗のうちに。自家受粉するので、実生でもふやせる。

★☆☆☆☆

レボリューション

Echeveria 'Revolution'

日本

直径7〜10cm。風車のように小さな葉が重なる'ピンウィル'の実生からできたといわれるが、交配種と推測される。開花時期が'ピンウィル'と異なり、'トップシー・タービー'と同時期に咲く。夏の高温に強く腐りにくい。葉ざしでよくふえ、子株もよく吹く。

★★☆☆☆

白鳥《はくちょう》

Echeveria 'Hakucho'

台湾

直径5〜8cm。'トップシー・タービー'の交配種。先端にいくほど葉幅が広くなり、内側にカールする。夏の高温や病気にも強い。水やりや夏の遮光が過剰だと、葉が伸びて株姿が乱れる。乾かし気味に管理するとカールが強くなる。葉ざしでよくふえ、株が成熟すると子株が出る。

★☆☆☆☆

ラウリンゼ

Echeveria 'Laulindsa'

日本

直径10〜15cm。肉厚な葉で整ったロゼット形。白い粉を帯びている。株が成熟すると子株ができるが、時間がかかるので葉ざしでふやす。葉が多いので、枯れた下葉をこまめに取って風通しをよくし、蒸れの予防に。肥料を多く施すと大きくなり、腐りやすくなる。

★★★☆☆

ブラック・プリンス

Echeveria 'Black Prince'

アメリカ

直径10〜12cm。つややかな黒い葉は、紅葉時には赤みがかる。高温多湿に弱いので粗めの土に植える。花芽が太く、夏に株が弱って枯れることを防ぐため必ず切る。高温時は遮光しても葉焼けのようになることがあるので、できるだけ涼しい場所で管理する。

★☆☆☆☆

サンタ・ルイス

韓国

直径8～10cm。蒸れや暑さに強く丈夫。日光不足だとだらしない姿になるので、夏は遮光率10～30%程度で。花茎が太いので、交配させないなら早めに切って株姿の乱れを防ぐ。無理に引っ張ると株が傷むので、必ずハサミを使うこと。

★★★☆☆

ネオン・ブレーカーズ

Echeveria 'Neon Breakers'

アメリカ

直径10～15cm。蛍光ピンクのようなとても美しい発色で、細かいフリルがきれいな品種。夏の高温が数日続くととたんに株が弱り、中心の葉が数枚残るだけの姿に。夏に弱い品種は、夏越し前の春より秋に植え替えるとよい。このとき、元肥を多めに入れると回復が早い。

★☆☆☆☆

シスター

韓国

直径8～10cm。葉が堅く、不規則なロゼットを形成する。紅葉時は葉の縁が赤く色づく。葉ざしでよくふえ、花茎についた葉でも葉ざしが可能。花茎ざしもできる。夏の高温に強いが、長雨に当てると腐りやすいので注意。

★☆☆☆☆

バンビーノ

Echeveria 'Bambino'

オーストラリア

直径10～15cm。パープルの葉がうっすらと粉を帯び、大株はどっしりとした重量感で見ごたえがある。大株にしたいなら、元肥は多めに。株が成熟しないと子株が出ないため、葉ざしでふやすとよい。長雨や蒸れには弱い。

★☆☆☆☆

デニム

Echeveria 'Denim'

日本

直径12〜15cm。肉厚な葉の縁はほんのりピンク色で、コロンと丸い株姿。日当たりが悪いと葉が外側に広がって伸びるため、よく日に当てて締まった株姿を維持する。葉が肉厚なので、枯れた下葉はこまめに取り除き、株元の風通しに気をつける。

★★★☆☆

ホワイト・ゴースト

Echeveria 'White Ghost'

韓国

直径15～20cm。葉がひらひらと波打つ大型の品種。葉ざしもでき、子株も出やすい。花茎が太く、そのままだと株が弱るので、花芽が見えたら切る。根詰まりを起こすと弱るので、毎年春と秋の2回植え替える。夏は涼しい場所で管理。カイガラムシに注意。

★☆☆☆☆

アリエル

Echeveria 'Ariel'

韓国

直径8～10cm。紅葉時は濃ピンク色になり、ふっくらした姿と相まってかわいい。丈夫で育てやすい。元肥が多いと葉が割れる。夏の蒸れに弱いので風通しよく乾かし気味に。子株が出にくいので、葉ざしでふやすか、下葉を2～3枚残して胴切り（75ページ参照）をし、子吹きを促す。

★★☆☆☆

メキシコ・ローズ

Echeveria 'Mexico Rose'

韓国

直径5～8cm。中心の葉が押し合って密着した独特で不思議な形。葉数が多く、子株を吹くと蒸れやすいので、あらかじめ下葉を少し外しておくと子株が出ても傷まない。水やりの際、中心にたまった水は吹き飛ばす。葉ざしは外葉をとって、次の日にさすと成功率が上がる。

★★☆☆☆

ツインベリー

Echeveria 'Twinberry'

韓国

直径5～8cm。葉先の爪が2つあるユニークな品種。2本の爪は不規則に現れたり消えたりする。苗が小さいうちは成長がゆっくり。用土は小苗のときは水もちがよいものを使い、中苗ぐらいからは粗めの用土に変更するとよい。年1回、秋に植え替え、枯れた下葉はこまめに取り除く。

★☆☆☆☆

スカーレット

Echeveria 'Scarlet'

韓国

直径5〜8cm。ふだんは爪にピンク色を残すが、紅葉時は株全体がピンク色になる。成長すると幹立ちするので、長く伸びたものは頭を切ってさし（88ページ参照）、形を整えるとよい。群生させるには子株をとらず、一回り大きな鉢に鉢増しする。葉ざしでもよくふえる。

★★★★★

ファンタスティック・ファウンテン

Echeveria 'Fantastic Fountain'

台湾

直径10〜15cm。美しく弧を描いて噴水が湧き上がるような株姿。夏の高温時に葉が傷み、株がダメージを受けるので、できるだけ涼しい場所で風通しよく管理。植え替えは年1回、秋に行い、十分に根張りさせる。葉ざしも秋。花茎ざしもできる。

★★☆☆☆

チップシー・ダンサーズ

Echeveria 'Tipsy Dancers'

台湾

直径5〜6cm。'トップシー・タービー'の交配種なので、よく似ているが、少し小型でキクの花のようでもある。子株もよく吹き、葉ざしもできる。夏の高温乾燥時にカイガラムシが発生しやすいので、株の中心部をチェックして見つけ次第、薬剤を散布する。

★☆☆☆☆

ルベラ

Echeveria 'Rubella'

アメリカ

直径15〜20cm。葉の縁はうねるように波打つ。生育旺盛で育てやすい。大型の品種だが、葉ざしはしやすい。夏の暑さにも強いが、乾燥と強い日ざしが続くと、葉の表面に黒いしみができるので、夏も水やりは忘れずに。花茎が太いので、交配を行わないなら早めに切る。

★☆☆☆☆

JJリラキナ

Echeveria lilacina 'JJ'

オーストラリア

直径12～15cm。株が成熟すると青みがかった紫色になる。生育は早めで、育てやすく丈夫。真夏以外はよく日に当てると株が締まり、葉の発色もよくなる。葉ざしでよくふえる。葉が大きく、枯れた下葉は生育の妨げになるので、こまめに取り除く。

★☆☆☆☆

シー・グレイ

日本

直径5～8cm。シルバーグレーの小さな葉が重なり合って、美しいロゼットになる。丈夫で育てやすく、葉ざしでよくふえる。日光不足だと、葉が緑色になる。子株は株元に隠れるように出るので、枯れた下葉を取り除き、株元にも日が当たると、子株も元気になる。

Echeveria 'Sea Gray'

★★★☆☆

フランク・レイネルト

Echeveria 'Frank Reinelt'

アメリカ

直径15～20cm。透明感のある赤色が美しく、特に紅葉時には深みを増して赤色が際立つ。夏は中心が黄色みを帯びる。夏の高温多湿に弱いため、30～50%の遮光をし、風通しのよい場所で管理する。秋から春は日によく当てる。葉ざしの成功率は低い。

★★★☆☆

ロメオ

Echeveria 'Romeo'

ヨーロッパ

直径15〜18cm。1年を通して赤い色をしているが、紅葉時は目の覚めるような赤になり美しい。蒸れに弱いので、風通しのよい場所で管理。長雨や高温に当てると黒いしみができるので注意。真夏は60%の遮光。葉ざしはできるが、成功率は低い。実生でふやせる。

★☆☆☆☆

ジェイド・スター

Echeveria 'Jade Star'

アメリカ

直径10〜15cm。明るい翡翠《ひすい》色の葉は、秋にはシックなサンドベージュに変わる。性質は強健。大株に育てると幅広の葉がより際立ち、見ごたえがある。強い日ざしで葉に黒い斑点が入るので、夏は20〜30%の遮光。葉ざしでふえる。葉は左右にゆっくり振りながらとるのがコツ。

★☆☆☆☆

パープル・シャンペーン

Echeveria 'Purple Champagne'

韓国

直径12〜15cm。紅葉時には紫に色づく。生育旺盛で病気にも強い。夏の高温期も15〜30%の遮光でよい。生育期に肥料や水が多いと、葉が伸びてロゼットが乱れるので、用土は中粒を使い、乾かし気味に。締まった姿を維持するために、交配させない場合は早めに花茎を切る。

★☆☆☆☆

ライラック・スノー

Echeveria 'Lilac Snow'

アメリカ

直径12〜15cm。プリドニス(葉が肉厚で縁はピンク色を帯びる古くからの人気種)の交配種。丈夫で育てやすい。秋にはライラック色に紅葉し、葉の縁は蛍光ピンクを帯びる。葉ざしでよくふえる。夏は45〜50%の遮光をして、こまめに枯れた下葉を取り除き、蒸れを防ぐ。

★★☆☆☆

アイス・ボックス

Echeveria 'Ice Box'

日本

直径12〜15cm。真っ白な粉を帯び、比較的暑さにも強い。長雨が当たる場所や湿度が高い場所で育てると、白い粉が取れたり、薄くなったりするので、雨を避けて風通しよく管理。日によく当てると、白さが増し、より美しくなる。

★★☆☆☆

エスプレッソ

Echeveria 'Espresso'

日本

直径8〜12cm。1年を通して株全体がダークなピンク色で、よく子吹きする。秋にはピンクの発色が増して、美しく紅葉する。真夏は風通しがよい明るい日陰で管理し、株元の枯れた葉はこまめに取り除いて、夏枯れを予防。花芽は早めに切って、株が弱るのを防ぐ。

★★☆☆☆

レッド・ムーン

Echeveria 'Red Moon'

韓国

直径5〜8cm。コロンとした丸い株姿。生育は少し遅め。花茎が太いので、交配させない場合は花芽が見えた段階で切る。葉ざしできるが、葉を外すときに折れやすい。子株が大きくなると、親株を持ち上げ、形がくずれるので早めに外す。

★★☆☆☆

バレッタ

Echeveria 'Barretta'

日本

直径10〜15cm。葉の縁が小さく波打つ。秋にはエッジが赤く色づき、明るいグリーンとのコントラストが美しい。よく日の当たる場所で風通しよく管理すると、葉がピンとした締まった株姿になる。交配させないなら花芽は早めに切る。

★★★☆☆

ムーン・リバー

Echeveria 'Moon River'

日本

直径10〜15cm。'高砂の翁'（28ページ参照）の斑入り種。斑の入り方にはバリエーションがある。夏の直射日光は葉焼けの原因になるので、30〜60%の遮光で風通しよく管理。生育期に日光不足だと葉が垂れてだらしない姿になる。葉ざしは成功率が低い。

★★★☆☆

オンスロー錦《にしき》

Echeveria 'Onslow' variegata

韓国

直径8〜12cm。'オンスロー'の斑入り種。黄色の斑が不規則に入り、美しい。葉ざしの成功率は低いため、下葉を2〜3枚残して胴切り（75ページ参照）をし、子吹きを促す。1年を通して風通しよく管理し、元肥を少なく施すと腐りにくい。夏は30〜60%の遮光をする。

★★☆☆☆

サブセシリス錦《にしき》

Echeveria Subsessilis f. variegata

不明

直径12〜15cm。斑入り品種のなかでも育てやすく、大株に育てると美しさが際立つ。葉ざしをしても全体が斑の真っ白な芽が出る場合が多く、育たない。株が成熟すると、子株を吹くので、外してふやすほうがよい。

★★☆☆☆

レインドロップス

Echeveria 'Raindrops'

アメリカ

直径12〜15cm。大株に育てると、葉先に丸いこぶが並ぶ姿は見ごたえがある。幹立ちする。夏に風通しが悪いと葉が落ちるので、20〜50%の遮光下で風通しよく管理。葉ざしの成功率は低いため、子株でふやす。こぶができる品種は2年に1回、秋に植え替えるだけでよい。

Echeveria 'Glam Pink'

★☆☆☆☆

グラム・ピンク

韓国

直径12〜15cm。丈夫で病気に強く育てやすい。秋に株全体がピンク色になる。葉ざしでよくふえる。夏は10〜20%の遮光をして風通しよく管理。長雨に当てると葉の表面に黒い斑点が出る。毎年2回植え替えると濃いピンクに紅葉する。肥料が多いとピンク色は薄くなる。

Echeveria 'Woody'

★★☆☆☆

ウッディー

日本

直径8〜10cm。明るく透き通るようなペールグリーンで、平たくのびやかな株姿が特徴。元肥が多いと下葉から腐りやすい。枯れた下葉は取り除き、風通しよく管理して、水やりはやや控えめにする。葉ざし用の葉をとるときは、下葉を多めに外すと株元の風通しがよくなる。

★★☆☆☆

エボニー

Echeveria agavoides 'Ebony'

アメリカ

直径15〜18cm。アガボイデス（19ページ参照）のなかでも、葉先の赤黒い部分が幅広に色づくタイプ。株が成熟すると葉の半分ほどが赤黒くなる。1〜2年に1回、秋に植え替えるだけでよい。元肥が多いと色づきが悪くなるので、直径12cmほどになったら植え替え時に元肥は施さない。

★★★☆☆

ガイア

Echeveria 'Gaia'

日本

直径12～15cm。緑のボディに赤黒い爪が特徴。葉は長く、芯に近づくほど細くなる。真夏は全体的に控えめな色合いになるが、その分、紅葉時の変化が楽しめる。根があまり強くないので、梅雨時期からの多湿に気をつける。

★★☆☆☆

ピンキー

Echeveria 'Pinky'

メキシコ

直径15～20cm。シャビアナ'ピンク・フリル'とカンテの交配種。日当たりが悪いと葉が垂れてだらしない姿になるので、よく日に当て、風通しのよい場所でピンと張りのある締まった株に育てる。花茎が太いので、交配させない場合は早めに必ずハサミを使って切る。

★☆☆☆☆

澄《すみ》江《え》

Echeveria 'Sumie'

日本

直径5～8cm。マットな質感のグレーの葉で、幹立ちしにくい。花芽が多く上がり、花茎の葉はとれやすいが、葉を土の上に置くとよくふえる。子株もよく吹く。水やりが多いと葉が折れやすい。乾燥が続くと株の中心部にカイガラムシが発生しやすい。

★★☆☆☆

ピンク・スパイダー

Echeveria 'Pink Spider'

日本

直径12～15cm。年間を通してピンク色のマットな質感。紅葉時はさらにピンク色が濃くなり、美しさが際立つ。充実した株になると葉が内側に反り返り、見ごたえのある姿に。日光不足になると葉が垂れるので、秋から春にかけてできるだけ日光によく当てる。

★★★★★

ルノー・ディーン

Echeveria 'Lenore Dean'

アメリカ

直径10～15cm。夏の暑さに非常に弱いため、できるかぎり温度が上がらないようにして、風通しよく管理。株元の蒸れを防ぐために、水やりの際には鉢底から吸わせる。夏に弱った株を年1回、秋に植え替える。葉ざしは成功率が低い。

Echeveria 'Pollux' *variegata*

★★☆☆☆

ポルックス錦《にしき》

日本

直径12〜15cm。斑が完全に固定していないため、斑が入る葉と入らない葉が入り交じる。葉ざしをする場合は、斑がベタっと広範囲に入っている葉を使うと全体が白い葉しか出てこないので、斑の入り方がきれいな葉を選んで行う。

Echeveria 'Dodolee'

★★☆☆☆

ドドリー

韓国

直径8〜12cm。韓国のナーセリーSucculents Factory作出。こぶ(株の中心部の突起)を出すには、植え替えは2年に1回にし、2年目は株を成熟させるとよい。日によく当て、間のびさせないことも重要。花芽が多く上がるので、交配させないなら切る。

★☆☆☆☆

アミスタ

Echeveria 'Amista'

韓国

直径8～12cm。育てやすく、暑さにも比較的強く丈夫。紅葉も美しく、ふだんは青みがかっている葉が紫色を帯び、葉の縁は赤く染まる。葉ざしには若い葉を使うと成功率が高い。幹立ちするので、頭を切って仕立て直し(88ページ参照)、元の株からは子株が出るので、ふやせる。

Echeveria 'Shirokuma'

★☆☆☆☆

白《しろ》くま

日本

直径10～13cm。ふっくらとしたシルバーグレーの美しい品種。年中クールな色合いをしているが、紅葉時は爪先のかすかな色の変化が楽しめる。性質は強健で夏の暑さにも強く、下葉が溶けにくく丈夫。

Echeveria 'Murasakikuon'

★★☆☆☆

紫《むらさき》久《く》遠《おん》

日本

直径10～12cm。紫にピンク色のヴェールがかかったような色合いで、長い爪をもち、凛とした美しさがある。真夏もあまり色落ちしないため、一年中美しい色を楽しめる。

★★☆☆☆

バニー・ガール

Echeveria 'Bunny Girl'

韓国

直径12〜15cm。レインドロップス（44ページ参照）の交配種。こぶの大きさや形が不定でさまざま。こぶをきれいに出すには、2年に1回、秋に植え替える。交配でこぶが遺伝する確率は低いが、父株より母株として使うほうが可能性は高い。幹立ちする。

★★★☆☆

アシェラッド

Echeveria 'Ashierado'

日本

直径8～10cm。シックな色合いと整った株姿は存在感がある。紅葉時はダークグレーのメタリックカラーになり秀逸。夏は強光線を避け、30～60%の遮光下で風通しよく管理するとダメージが避けられる。

★☆☆☆☆

月輪《がちりん》

Echeveria 'Gachirin'

日本

直径8～10cm。うっすら白い葉は丸く肉厚で、整ったロゼット形。性質は強健で夏の暑さにも強く育てやすい。夏場の色合いは控えめだが、紅葉時は全体により白っぽくなり、葉の縁は薄紅色に染まる。

★★★☆☆

大和美尼《やまとみに》×青い渚《あおいなぎさ》

Echeveria 'Yamatomini' × *E.* 'Aoi-Nagisa'

日本

直径8～10cm。葉には微毛がありかわいい。真夏の印象とは裏腹に、紅葉時は葉裏が赤紫に染まってシックになる。より紅葉を楽しむには、3月ごろに植え替える。真夏の強光線や高温で黒い斑点が出ることがあるので、風通しのよい場所で45～50%の遮光をして育てる。

★★☆☆☆

ラウリンゼ×ルブラ

Echeveria 'Laulindsa' × *E.* 'Rubra'

日本

直径15～20cm。夏でも赤い色を残す強健種。実生で出回っているものは葉の長短、色の濃淡など、バリエーションがある。強光線で葉が傷みやすいので夏は45～50%の遮光をする。また、株の中心部に水がたまらないように注意。

属間交配種

エケベリアは近縁のグラプトペタルム属やセダム属などとの属間交配が行えます。それぞれの属の植物の特徴をあわせもった、ユニークな種類が生み出されています。

（国名は作出された国を示す）

★☆☆☆☆

オパリナ

× Graptoveria 'Opalina'

韓国

直径15〜18cm。グラプトペタルムとエケベリアの属間交配種。生育旺盛で初心者にも育てやすい。秋にはパステルピンクに紅葉する。肥料が多いと葉割れするので注意。粉が取れるので、長雨には当てないように。葉ざしでよくふえる。

× *Graptoveria* 'Siterina'

★☆☆☆☆

シテリナ

韓国

直径10～15cm。マットな質感で紅葉時には黄色みを帯びる。育てやすく入手も容易。幹立ちするので、切って仕立て直す（88ページ参照）。その後、よく子吹きしてふやせる。花芽が多く上がるので、交配させないなら早めに花茎を切る。

Echeveria cuspidata var. *zaragozae* × *Graptoveria* 'Silver Star'

★★☆☆☆

ザラゴーサ×シルバー・スター

日本

直径3～5cm。たくさん子吹きして、よく群生する。葉ざしもできるが、葉が折れやすいため、慎重に葉をとる。長雨に当てると、葉に黒い斑点が出るので、1年を通して、風通しよく乾かし気味に管理。夏は20～50%の遮光。

× *Graptoveria* 'Lovely Rose'

★★☆☆☆

ラブリー・ローズ

不明

直径5～8cm。葉がゆるくカールしながら重なり合う様子は、本物のバラを見ているかのよう。属間交配種であるにもかかわらずエケベリアとして流通することもあるが、花が異なる。幹立ちするので、切って仕立て直せば（88ページ参照）、子株が吹くので、比較的簡単にふやせる。

綴化《てっか》株を楽しむ

エケベリアの主な成長点(頂端分裂組織)はロゼットの中心部に1か所ありますが、その成長点が異常をきたし、複数できて連なることがあります。こうした現象はほかの植物でも見られ、綴化と呼ばれます。

エケベリアの場合、葉がかたまり状に伸びて独特の株姿になることから、その希少性と相まって、綴化株は珍重されてきました。特に秋から冬にかけては、複雑に伸びた葉が色づき、壮観な姿を見せる種類もあります。なお、綴化は帯化《たいか》、石化《せっか》とも呼ばれ、同じ意味ですが、多肉植物の世界では綴化が帯状に連なったものを帯化、成長点がより多くなって複雑な姿を見せるものを石化と呼んで区別することもあります(ただしエケベリアには「石化」はない)。

‘ラウリンゼ綴化’。
34ページ の‘ラウリンゼ’が
綴化したもので、
まったく異なる
株姿を見せる。

低温に当たり、
葉先が色づいた
‘アリエル綴化’。

Chapter 3

12か月栽培ナビ

各月の基本の手入れと、
栽培環境、
管理の方法について
紹介します。

上右：'JJリラキナ'、上左：プルプソルム、下右：'ロメオ'、下左：'レモンベリー'

エケベリアの年間の作業・管理暦

エケベリア

1月　2月　3月　4月　5月　6月

生育状況

- 休眠（1月〜3月）
- 生育（3月〜）
- 開花（3月〜）

主な作業

- 植え替え、株分け、葉ざし、胴切り、さし木、子株とり（3月中旬〜）
- 支柱立て、花茎切り（3月〜）
- 交配（3月〜）
- タネまき（とりまき）（3月中旬〜）

管理

置き場

- 霜の当たらない戸外の日なた（5℃以下は室内の窓辺か 戸外の簡易温室）（1月〜5月）
- 風通しのよい戸外の日なた（5月〜6月中旬）

水やり

- 用土が完全に乾いてから、鉢土の上から3分の1が湿る程度（1月〜5月）
- 用土が完全に乾いてから、鉢の下から3分の1が湿る程度（5月〜6月中旬）

肥料

- 液体肥料（春の植え替えで元肥を施した場合は不要）（5月〜6月）
- 緩効性化成肥料（植え替え時に元肥として）（3月中旬〜）

病害虫の防除

- アブラムシ（4月〜）
- カイガラムシ（1月〜）
- ネジラミ（サボテンネコナカイガラムシ）（1月〜3月）

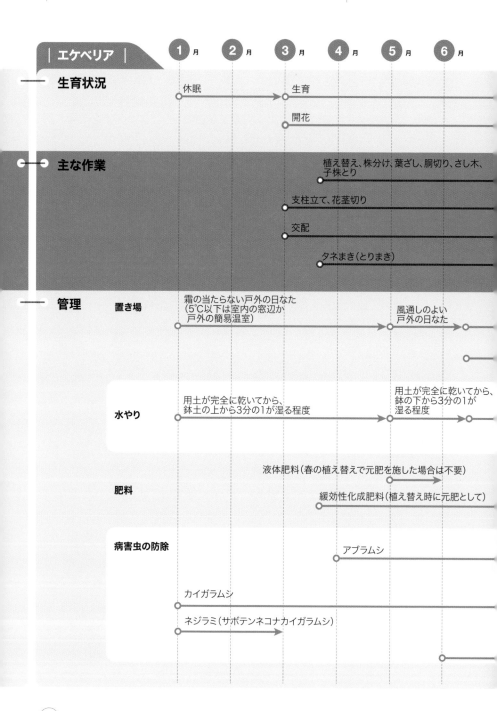

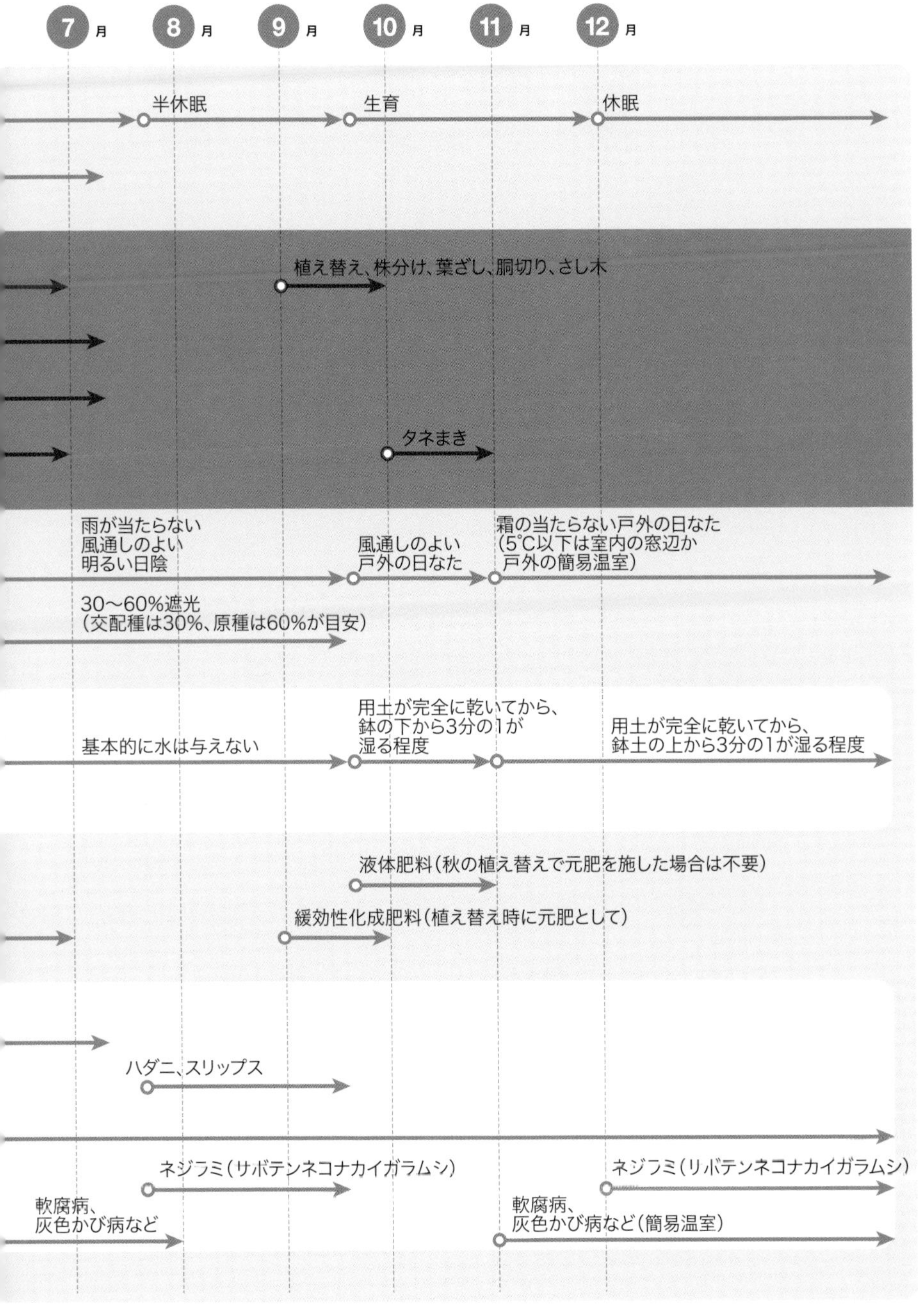
7月
8月
9月
10月
11月
12月
半休眠
生育
休眠
植え替え、株分け、葉ざし、胴切り、さし木
タネまき
雨が当たらない
風通しのよい
明るい日陰
風通しのよい
戸外の日なた
霜の当たらない戸外の日なた
（5℃以下は室内の窓辺か
戸外の簡易温室）
30〜60%遮光
（交配種は30%、原種は60%が目安）
基本的に水は与えない
用土が完全に乾いてから、
鉢の下から3分の1が
湿る程度
用土が完全に乾いてから、
鉢土の上から3分の1が湿る程度
液体肥料（秋の植え替えで元肥を施した場合は不要）
緩効性化成肥料（植え替え時に元肥として）
ハダニ、スリップス
ネジラミ（サボテンネコナカイガラムシ）
ネジラミ（リボテンネコナカイガラムシ）
軟腐病、
灰色かび病など
軟腐病、
灰色かび病など（簡易温室）

関東地方以西基準

1月 January

Echeveria

1月のエケベリア

1月に入るとぐんと気温が下がり、下旬からは1年で最も寒い時期になります。乾燥した日が続き、寒風が吹いたり、霜が降りたりする日が多くなります。12月に休眠期に入ったエケベリアは堅く引き締まった株姿のまま、生育を止めています。紅葉する種類は色鮮やかな状態が続き、美しい姿が観賞できます。

Echeveria agavoides 'Rubra'

アガボイデス'ルブラ'

秋に赤く紅葉し葉縁に黒いラインが入る。アガボイデスのなかでも特に赤が美しい品種。暑さにも強く育てやすい。葉ざしの成功率は低いので、頭を切り、子株を吹かせてふやす。

今月の手入れ

休眠期なので、特に作業はありません。

この病害虫に注意

カイガラムシ、ネジラミなど／カイガラムシは1年を通して、発生が見られます。葉のすき間などに潜んでいるので、気づいたらすぐにピンセットなどで取り除きます（62ページ参照）。ネジラミ（サボテンネコナカイガラムシ）は主に根について生育を阻害します。休眠期には水やりを控え気味にするため、鉢内が乾燥して、発生しやすくなります。春秋の年2回の植え替えのときに根をチェックして、取り除きます。

室内での観賞は1日交替で

10〜3月はエケベリアの紅葉が美しい時期。室内で観賞したいところですが、美しい紅葉や株姿の維持にはよくありません。室内で1日観賞したら、数日間は戸外で日光に長時間当てます。複数の株を使って交替で室内と戸外を出し入れすれば、常にエケベリアを楽しめます。

室内ではできるだけ日光のよく当たる窓辺に置く。

今月の栽培環境・管理

置き場

●霜の当たらない戸外の日なた／12月に引き続き、軒下やベランダなど、霜の当たらない戸外の日なたに鉢を置いて育てます。この時期は昼の時間が短く、日照時間が限られますが、できるだけ長時間日光が当たる場所で育てます。

霜に当たると葉が凍傷を起こして、傷むので注意します。最低気温が5℃以下になる場合は、室内の日光がよく当たる窓辺や、戸外の簡易温室などに移動させます。日中暖かければ戸外に置いて、寒波のときは夜間だけ室内へ取り込むと安全です。

この時期には、エケベリアはすでに十分な休眠状態に入っているため、11〜12月の休眠への移行時期ほど、寒暖の差に神経質になる必要はありません。

関東地方以西の平野部（特に都市）であれば、夜間でも極端に冷え込むことはめったにありません。戸外に置いたまま、夕方から朝まで、新聞紙を3枚重ねにして鉢の上にかぶせておくだけでも、霜よけになります（97ページのイラスト参照）。

水やり

●用土が完全に乾いてから、鉢土の上から3分の1が湿る程度／鉢内の用土が完全に乾いてから、鉢土の上から3分の1ないし2分の1が湿る程度の水を与えます。水差しなどを使い、葉にかからないように鉢縁から用土に直接、水を注ぎます。

用土の乾き具合は、竹串や割りばしを鉢にさして抜き出し、先端が湿っているかどうかで判断できます（101ページ参照）。

置き場の環境や用土などによって異なりますが、この時期の水やりの頻度は月に2回程度。水の与えすぎに気をつけます。メリハリをつけて、最もよく成長する春秋に成長させ、冬の休眠期、夏の半休眠期はしっかり休ませると、健全で美しい姿に育ちます。

一度に多くの水を与えすぎないように、この時期の水やりは、先の細い水差しを使うとよい。

肥料

●施さない／休眠期のため、この時期は施しません。

2月 February

Echeveria

2月のエケベリア

1月下旬〜2月上旬は、1年で最も寒い時期です。強い寒波が来て、霜が頻繁に降ります。2月下旬になると、日ざしに強さが感じられる日が出てきますが、一方、雪が多く積もる日もあります。エケベリアは休眠したままで、動きを止め、株姿に変化はありません。1月に引き続き、美しく色づいた紅葉も楽しめます。

Echeveria colorata 'Lindsayana'

コロラータ'リンゼアナ'

1年を通して育てやすく、葉ざしで簡単にふやせる。秋には淡いピンクに紅葉し、葉先は特に濃いピンクになる。葉先の爪と紅葉時の色合いのバランスがよい人気の品種。

今月の手入れ

休眠期なので、特に作業はありません。

この病害虫に注意

カイガラムシ、ネジラミなど／カイガラムシは1年を通して、発生が見られます。葉のすき間などに潜んでいるので、気づいたらすぐにピンセットなどで取り除きます（下参照）。ネジラミ（サボテンネコナカイガラムシ）は主に根について生育を阻害します。休眠期には水やりを控え気味にするため、鉢内が乾燥して、発生しやすくなります。春秋の年2回の植え替えのときに根をチェックして、取り除きます。

カイガラムシの防除

葉の間にできた花芽を外すと、つけ根に白い粒がいくつも見つかった。これがカイガラムシ。

葉の間を広げて探し、カイガラムシがいたら、ピンセットなどでつまんで取り除く。

今月の栽培環境・管理

置き場

●霜の当たらない戸外の日なた／1月に引き続き、軒下やベランダなど、霜の当たらない戸外の日なたで育てます。最低気温が5℃以下になる場合は、室内の日光がよく当たる窓辺や、戸外の簡易温室などに移動させます。

特に2月中旬までは、最低気温が5℃を下回る日が多く、室内や簡易温室に置く時間が長くなります。日中も継続して室内に置く場合は、できるだけ長時間日光が当たる窓辺などを探します。

時間帯によって窓から日光のさし込む角度が変わるので、随時、よく日光の当たる場所に鉢を移動させるとよいでしょう。この時期に日光にしっかりと当てると葉が徒長せず、のちに生育期に入ったあとも病気にも強い、健全な株に育ちます。

関東地方以西の平野部（特に都市）であれば、戸外に置いたまま、夕方から朝まで、新聞紙を3枚重ねにして鉢の上にかぶせておくだけでも、霜よけになります（97ページのイラスト参照）。

水やり

●用土が完全に乾いてから、鉢土の上から3分の1が湿る程度／鉢内の用土が完全に乾いてから、鉢土の上から3分の1ないし2分の1が湿る程度の水を与えます。水差しなどを使い、葉にかからないように、鉢縁から用土に直接、水を注ぎます（61ページ参照）。用土の乾き具合は、竹串や割りばしを鉢にさして抜き出し、先端が湿っているかどうかで判断できます（101ページ参照）。

水やりの頻度は月に1～2回程度ですが、乾燥が続いたり、2月下旬になって気温が上がり始めたりすると、用土が乾くのが少しずつ早くなってきます。

肥料

●施さない／休眠期のため、この時期は施しません。

種類ごとに管理を調整

冬から初春の昼夜の温度差が大きいと、花茎が伸び出して開花しやすい傾向があります。花の観賞や交配が目的で花をより確実につけさせたい場合は、ずっと暖かい場所で育てるのではなく、ある程度の寒さにも当てながら、メリハリのある温度管理を続けます。

ただし、霜に当たると伸び出した花芽が傷んで、花が咲かなくなってしまいます。最低気温5℃以下になったら、室内や簡易温室に移すとよいでしょう。

3月 March

Echeveria

3月のエケベリア

徐々に暖かい日がふえて、春が感じられるようになります。エケベリアは休眠から覚めます。葉の形には変化はありませんが、紅葉の色がわずかに抜けてくるものもあります。また、花茎が伸び出して、開花するものも出てきます。彼岸を過ぎた3月下旬ごろから、春の植え替えなどの作業が行えます。

Echeveria agavoides × *E.*'Romeo'

アガボイデス×'ロメオ'

日本で作出された交配種。両親の色合いが混ざり合い、秋には濃いオレンジ色になる。株姿は丸みを帯びていてつやがあり、育てやすいのも魅力の一つ。

今月の手入れ

●**支柱立て、花茎切り**／3月に入り、暖かくなるにつれて葉のつけ根から花芽が現れ、花茎を伸ばし始めます。花を楽しみたい場合や、交配をしてタネをとりたい場合には、花茎をそのまま伸ばします。花が重いものは針金の支柱を立てて、花茎を支えるとよいでしょう。

ただし、花を咲かせると株は体力を消耗します。特に原種は花を咲かせると疲れて、枯れやすい傾向があります。

花を観賞しない場合や、タネをとらない場合は、刃先を火などであぶって消毒したハサミで花茎を途中から切り取っておきます（右ページ参照）。

●**植え替え、株分け、葉ざし、胴切り、さし木、子株とり**／3月下旬から、いずれも行えます（68～71、75、88～89ページ参照）。

●**交配、タネまき**／蕾がつき始めたら交配が行えます（72～73ページ参照）。また、3月下旬からタネまきが行えます（74ページ参照）。今年のタネがとれるのはこれからですが、昨年から冷蔵庫で保存していたタネがあれば、まくこともできます。

この病害虫に注意

カイガラムシなど／葉のすき間などに潜んでいるので、気づいたらすぐにピンセットなどで取り除きます（62ページ参照）。

今月の栽培環境・管理

置き場

●霜の当たらない戸外の日なた／生育期に入りますが、2月と同じ、軒下やベランダなど、霜の当たらない戸外の日なたで育てます。昼の時間が長くなり、日ざしも強くなりますが、できるだけ直射日光に当たる時間を長く確保します。

3月に入っても、霜が降りたり、強い寒風が吹いたりします。最低気温が5℃以下になる場合は、室内の日光がよく当たる窓辺や、戸外の簡易温室などに移動させます。夕方から朝まで、新聞紙を3枚重ねにして鉢の上にかぶせておく霜よけも有効です(97ページのイラスト参照)。

水やり

●用土が完全に乾いてから、鉢土の上から3分の1が湿る程度／2月に引き続き、鉢内の用土が完全に乾いてから、鉢土の上から3分の1ないし2分の1が湿る程度の水を与えます。水差しなどを使い、葉にかからないように、鉢縁から用土に直接、水を注ぎます(61ページ参照)。

用土の乾き具合は、竹串や割りばしを鉢にさして抜き出し、先端の湿りの有無で判断します(101ページ参照)。水やりの頻度は月2回程度ですが、生育期に入り根が活動を始めるため、乾くのが早くなります。

肥料

●植え替え時に元肥を施す／植え替えや株分けなどで株を植えつけるときには、用土に元肥として緩効性化成肥料(N-P-K＝6-40-6など)を規定量施しておきます。まだ本格的な生育期ではないので、液体肥料などの追肥は必要ありません。

花茎切り

花茎はつけ根から10〜15cmほど上で切ります(❶)。残った花茎は1か月程度たって、枯れて細くなれば簡単に取れます(❷、❸)。花茎を最初からつけ根で折り取ると、跡が残り、株が傷みます(❹)。

4月 April

Echeveria

4月のエケベリア

春の暖かい日ざしで、日なたの温度は20℃以上になる日が多くなります。最低気温も10℃以上の日がふえますが、4月中旬までは寒の戻りや遅霜があるので十分に注意します。エケベリアは生育期で、花茎を伸ばす株が多くなります。葉の形には変化はありませんが、紅葉が少し色あせてくるものもあります。

Echeveria pulidonis × *E.chihuahuaensis*

プリドニス×チワワエンシス

締まったロゼット形のかわいらしい株姿。秋には葉縁と爪が赤く染まる。夏の半休眠期は風通しのよい明るい日陰で栽培。枯れた下葉はこまめに取り、冬も株元の蒸れに注意。

今月の手入れ

●**支柱立て、花茎切り**／花を楽しみたい場合や、交配をしてタネをとりたい場合には、そのまま花茎を伸ばします。必要であれば、支柱を立てて、花茎を支えます。

特に原種は花を咲かせると疲れて、枯れやすい傾向があります。花を観賞しない場合や、タネをとらない場合は、早めに花茎を切り取っておきます（65ページ参照）。

●**植え替え、株分け、葉ざし、胴切り、さし木、子株とり**／いずれも適期です（68～71、75、88～89ページ参照）。

●**交配、タネまき**／蕾が次々につくので、交配が行えます（72～73ページ参照）。交配後、タネが成熟したら、タネまきが行えます（74ページ参照）。

この病害虫に注意

アブラムシなど／花茎にアブラムシがつくことがあります。見つけたら、取り除くか、適用のある殺虫剤で防除します。

カイガラムシなど／葉のすき間などに潜んでいるので、気づいたらすぐにピンセットなどで取り除きます（62ページ参照）。

アブラムシは花茎の先端の蕾などにつきやすい（黒い部分）。多くつくと健全な花が咲かなくなる。

今月の栽培環境・管理

置き場

●霜の当たらない戸外の日なた／軒下やベランダなど、霜の当たらない戸外の日なたで育てます。できるだけ直射日光に当たる時間を長く確保します。

4月中旬までは霜が降りることもあります。最低気温が5℃以下になるときは、あらかじめ室内の日光がよく当たる窓辺や、戸外の簡易温室などに鉢を移動させます。夕方から朝まで、3枚重ねの新聞紙を鉢の上にかぶせておく霜よけも有効です（97ページのイラスト参照）。

25℃以上の夏日になるときは、風通しに気をつけます。簡易温室は窓や扉を開け放ち、蒸れないようにします。

水やり

●用土が完全に乾いてから、鉢土の上から3分の1が湿る程度／鉢内の用土が完全に乾いてから、鉢縁から用土に直接、水を与えます（61ページ参照）。水の量は鉢土の上から3分の1ないし2分の1が湿る程度です。水やりの頻度はおおむね月2回程度ですが、用土の乾き具合は、竹串や割りばしを鉢にさして抜き出し、先端が湿っているかどうかで判断できます（101ページ参照）。

肥料

●植え替え時に元肥を施す／植え替えや株分けなどで株を植えつけるときには、用土に元肥として緩効性化成肥料（N-P-K＝6-40-6など）を規定量施しておきます。まだ本格的な生育期ではないので、液体肥料などの追肥は必要ありません。

花茎ざし

不要な花茎は早めに切りますが、切った花茎や摘心したあとの葉を使って、株をふやすことができます。

step 1

花茎は途中から切って、つけ根に長さ3cm以上を残す。

step 2

そのままさすと花が咲く可能性があるので、先端をねじって取り除く（摘心）。花茎はさし木、先端部の葉は葉ざしができる。

植え替え

より美しい
株姿をつくる

適期

3月下旬〜6月下旬、9月

根詰まりを防ぎ、健全に育てる

　エケベリアは前回の植え替えから時間がたつと、根が鉢の中でいっぱいになり、根詰まりを起こしやすくなります。そうなると、根が十分な養水分を吸えず、株姿が悪くなり、体力が衰えて、病気にかかる場合があります。

年2回の植え替えがおすすめ

　交配種や園芸品種の多くは、春秋の年2回植え替えると健全な根が育ち、より美しい株姿を保てます。春の植え替えでは、粒子が大きめの用土を用いることで水はけをよくし、下葉と鉢土の間をあけて植え、蒸れを防ぎます。秋は粒子が小さめの用土を用い、通常の植え方にすると、冬に乾きすぎが防げます（用土と元肥の詳細は102〜103ページを参照）。

　ただし、近年は夏の暑さが過酷になっています。原種などの夏に弱い種類は、植え替えは年1回、秋だけにとどめておきます。春に植え替えると、根や株がダメージから回復しないまま、夏を迎えるからです。

step **1**

根鉢を取り出す

鉢から株を抜いて、根鉢を見ると、底の部分に根が固まり始めている。このままにしておくと根詰まりの原因に。

step **2**

枯れた下葉を取る

枯れた下葉と、しわが入って黄色くなり始めた下葉はすべて取り除く。

step **3**

下葉の大きさを確認

元の鉢と同じ大きさの鉢に植え替えるのが基本。この段階で、株を鉢に入れてみて、下葉が鉢縁に触れないか確認する。

step **4**

下葉を減らす

鉢縁に触れる下葉を消毒した小型のナイフなどで、茎を傷つけないようにつけ根から取る。

step **5**

株元をすっきりと

葉を横に倒すとつけ根からきれいに取れる。茎がはっきりと見えるまで、さらに下葉を取る。株元を蒸らさないためで、特に春の植え替えでは大事。

step **6**

根鉢をくずす

根鉢を軽く叩くなどしてほぐし、古い用土を落とし、黒ずんだ根のみ取り除く。体温で根が傷むのでなるべく指で触れず白い健全な根を残すと、植え替え後、回復が早い。

step **7**

植えつける

鉢底ネットを敷き、ゴロ石と少量の用土を入れる。株を置き、さらに用土を加える。写真は春の植え替え用の粒子が大きめの用土。

step **8**

用土を入れる

用土は奥、手前、左、右の順番で四方から入れる。葉の間に挟まった用土はピンセットで取り除く。

＼ここがポイント!／

step **9**

化粧砂を敷く

最後に忘れずに、清潔な赤玉土小粒などを化粧砂として株元に敷く。水のはね返りで雑菌が株につくのを防ぐことができる。

(写真の品種はリラキナ×アガボイデス)

ふやし方①　株分け、葉ざし

株分け

頭が
ふえたら分ける

適期

3月下旬～6月下旬、9月

切り分けて別々に植える

栽培年数を重ねると、成長の先端（頭）が分かれて「2頭」になることがあります。植え替え時に切り分けて、植えつけます。

step 1
2頭になった株

先端が分かれて2頭の双子のようになった株。

step 2
茎を切る

火であぶるなどして消毒した小型のナイフなどで、つながった茎を分ける。

step 3
それぞれを植えつける

数日間、風通しのよい明るい日陰に置いて、傷口を乾かしたあと、68～69ページと同じ手順で植えつける。

葉ざし

葉が1枚あれば
株がふやせる

適期

3月下旬～6月下旬、9月

葉のつけ根から子株が吹く

葉が1枚あれば、簡単に同じ性質の株がふやせます。植え替え（68～69ページ参照）、さし木（88～89ページ参照）などのときに取れた不要な葉を利用できます。葉を清潔な用土にさして、育苗箱ごと水を入れたトレイなどに置き、底から水を吸わせます。次回からは用土が乾いたら上から水やりし、明るい日陰で管理します。

病気で葉が色づくことも

ウイルスで葉が赤みを帯びる場合があります。葉ざしには用いないようにします。

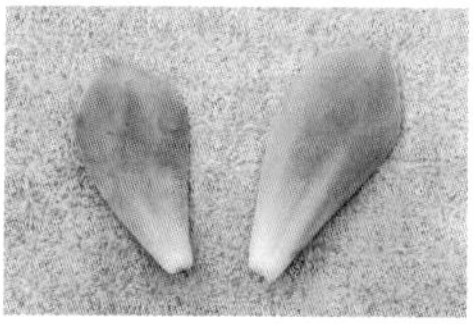

左の赤くなった葉はウイルスが原因。右の葉は正常。

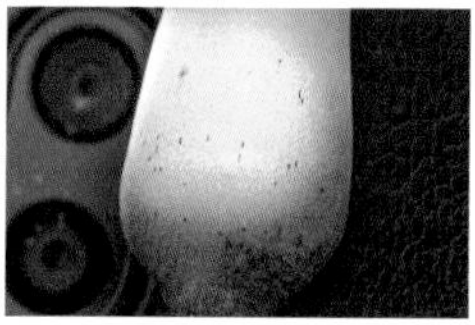

一見正常でも葉裏からライトを照らすと小さな斑点が浮き出るものも。これもウイルスのおそれがある。

葉ざし

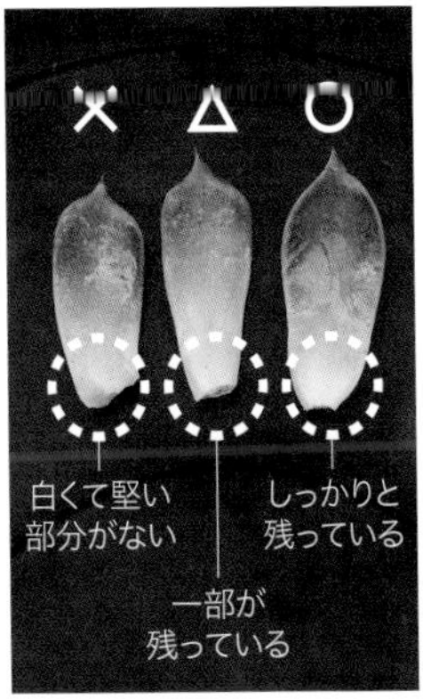

step **1**

葉のつけ根を確認

葉のつけ根に白くて堅い部分がついていると、そこから新しく芽ができる。白い部分がついていない葉は使用しない。

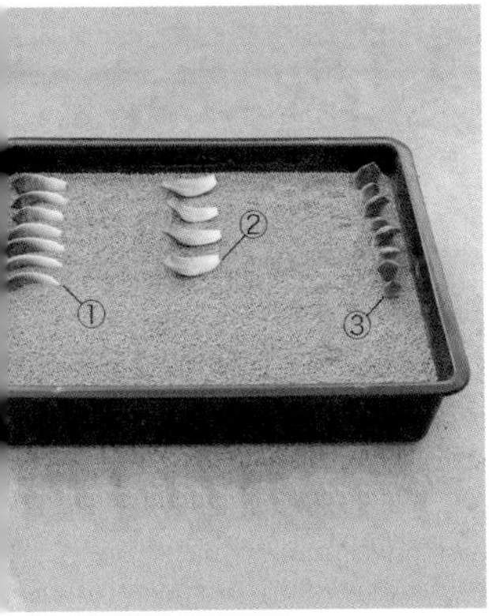

step **2**

用土にさす

育苗箱などにまず用土（102ページ参照）を入れ、その上に厚さ1cmの赤玉土細粒を敷き詰める。さし方には、写真に示したように3つの方法があり、どの方法でもかまわない。

約3か月後

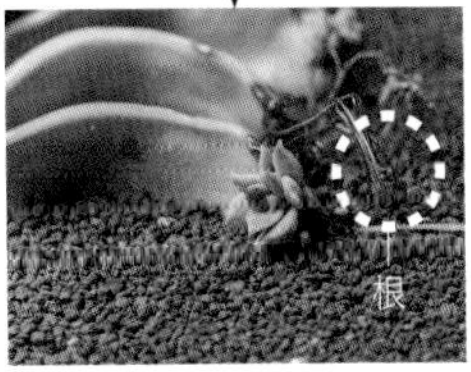

さし方①

葉を横に立てて一部を埋める。

葉のつけ根に子株ができた。子株から根が長く伸びている。

約3か月後

さし方②

葉の表を上にして用土の表面に置く。

葉のつけ根に子株ができた。やはり子株から根が伸びている。

約3か月後

さし方③

葉のつけ根を1cmさす。

葉のつけ根にできた子株が土の中から顔をのぞかせている。子株をとったあと、さらに2〜3回、新たな子株が吹く。

step **3**

子株をはずして植える

いずれの場合も子株から根が1cm以上伸びたら、根をつけたまま子株を切り離し、根をピンセットなどで上にさし入れて植えつける。

交配

オリジナルの品種をつくろう

適期

3月上旬〜7月上旬

交配親をよく選ぶ

　エケベリアの原種や交配種を集めていると、次第に自分が理想とする姿の品種をつくってみたくなる方が多いようです。交配親に選ぶ株の性質をよく理解して、かけ合わせてみましょう。両方の親に原種を使うと結実しやすい傾向があります。

　交配を行っても、自分のねらいどおりの株が生まれるのはまれですが、その代わり、想像もしなかった、おもしろい品種が生まれる可能性もあります。

step 1

交配親をそろえる

左のサブセシリス錦を母株、右のラウイ×プリドニスを父株としてかけ合わせる。白くふっくらした葉に、斑入りの緑と赤いエッジが加わる姿をイメージした。

花のつくり（開花時）

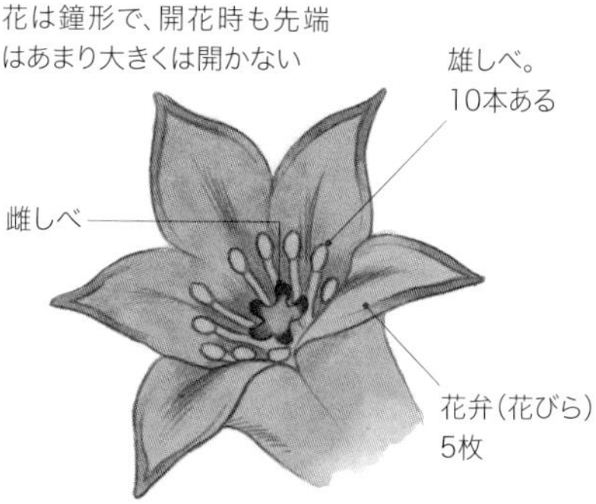

こんな作出例も

　交配の例。母株の性質は子の葉姿に、父株の性質は色や模様に出やすい傾向がある。

母株・シムランス（左）
父株・プリドニス（右）

生まれた交配種

step **2**

母株の花弁を取り除く

母株から、ほかの株と交雑しないように、まだ開いていない蕾を選ぶ。花弁をピンセットで取り除く。

step **3**

母株の雄しべを取り除く

10本の雄しべをすべて取り除く。中央の雌しべは残す。

step **4**

父株の雄しべを取り出す

準備が整ったら、父株の花弁をめくり、雄しべをピンセットでつまんで取り出す。

step **5**

花粉を雌しべにつける

母株の雌しべの先端に、父株の雄しべを軽くなでるようにして花粉をつける。強く押しすぎると、雌しべが折れるので注意する。

step **6**

数輪授粉させておく

同様に複数の花に授粉できる。花の成熟度合いなどで必ずしも結実しないこともあるので、数輪授粉させておくとよい。

授粉時の花の状態（母株）

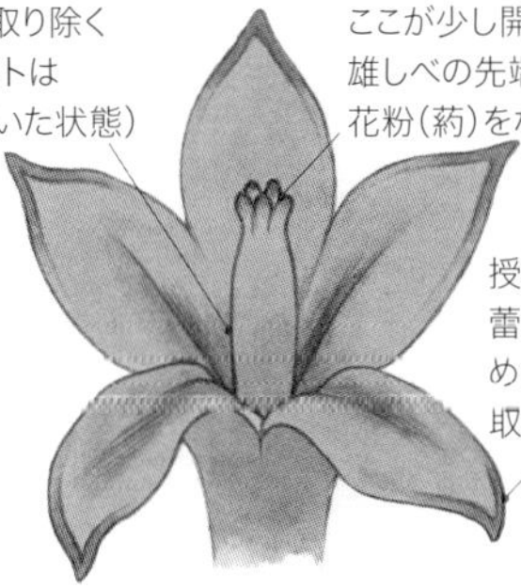

（イラストは
取り除いた状態）
柱頭。
ここが少し開いたら、
雄しべの先端の
花粉（葯）をなでつける
授粉するときは
蕾のうちに花弁を
めくって広げるか、

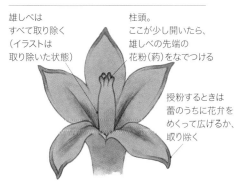

雄しべは

ふやし方② タネからふやす

タネまき

次世代の株を育てる

適期

3月下旬～6月下旬、10月

苗を育てながら好みの株を選ぶ

ふやしたい品種があれば、花茎を切らずに残し、花後にタネをとってまくことができます。交配した場合（72～73ページ参照）は、交配から1か月程度で雌しべの下部の子房がふくらんで果実（袋果《たいか》、食べられない）となり、その中でタネが成熟し、まけるようになります。果実ごと取って、中のタネをかき出し、ふるいなどでゴミを選り分けたあと、市販のタネまき用土などにタネをまきます。

とりまき（タネをとってすぐにまくこと）すると発芽率がよく、数多く子苗が育ちますが、葉の性質が現れ始めたら、気に入ったものを選んで、育てていきます。

step **1**

タネをかき出す

果実の中は5つの部屋に分かれている。ピンセットの先で開いて、中のタネを受け皿などにかき出して集める。

step **2**

タネを選り分ける

目の細かいふるいなどで、タネとゴミを選り分ける。ゴミはふるいの上に残り、タネは下の受け皿に落ちる。

step **3**

タネをまく

市販のタネまき用土をセルトレイに入れ、あらかじめ湿らせておく。1つのセルに40～50粒程度まく。

step **4**

1～2週間で発芽

セルトレイごと底面給水をして30%の遮光下で管理。色の薄い下敷きなどを上にのせると、保湿にもなり便利。

step **5**

本葉1～2枚で鉢上げ

1か月ほどで本葉が開き始める。本葉1～2枚になったら、ピンセットなどで苗を取り出し、用土に植えつける。

ふやし方③ 胴切り

胴切り

葉を傷めず 上下に分ける

適期

3月下旬～6月下旬、9月

子株が出にくい種類向き

株をふやすには、株分けや子株とりが簡単ですが、中～大型種には子株が出にくい種類もあります。その場合は「胴切り」をします。葉がふくらみ、すき間がなくてナイフなどが入らなくても、細いテグスを使えば、中心部の茎を切ることができます。葉ざしと違って、形の整った大きな新苗を早く得られるのが利点です。

step **1**

補助板を使って テグスを通す

細いラベルなど(薄くて柔らかく滑りやすい素材のもの)を分けたい高さで葉のすき間に差し込む。補助板の下にテグス(1～3号、長さ30cm程度)を通し、1周させる。鉢の滑り止めに下にタオルを敷く。

step **2**

テグスを 引いて輪を狭める

テグスの輪を狭めていくと、テグスが葉のつけ根の茎に到達。補助板はすべて取り除く。

step **3**

中心の 茎を切る

力を入れてテグスを引っ張ると、中心の太い茎がきれいに切れる。下葉を除き、茎を露出させて、2～3日乾かす。

step **4**

頭部を 植えつける

葉ざしと同じ用土で植えつける。U字形に曲げた2本の針金をクロスさせて、株を押さえて安定させる。

step **5**

元の株も 育てる

親株も、中心部からわき芽が伸びて、新たな株がとれる。鉢底網などを中心に置き、葉焼け防止に。

5月 May

Echeveria

5月のエケベリア

暖かい日が続き、最低気温も10℃を切ることはほとんどなくなります。25℃以上の夏日も多くなりますが、おおむねエケベリアの生育適温の13～25℃の範囲内で、よく成長します。5月にしっかりと日光に当てつつ、葉に水分を蓄えさせ、肉厚で引き締まった株をつくると夏越しも楽です。紅葉は色あせます。

Echeveria 'Tapalpa'

'タパルパ'

白く肉厚の葉に、爪がシャープな印象。紅葉時は葉先が濃いピンクになる。暑さで葉に黒斑が出やすい。半休眠期の真夏に風通しのよい明るい日陰で栽培すると、きれいに育つ。

今月の手入れ

●支柱立て、花茎切り／支柱立ては64ページ、花茎切りは65ページを参照してください。

●植え替え、株分け、葉ざし、胴切り、さし木、子株とり／いずれも行えます（68～71、75、88～89ページ参照）。

●交配、タネまき／蕾が次々につくので、交配が行えます（72～73ページ参照）。交配から1か月程度で、タネが成熟し、まくことができます。とりまきで栽培をスタートさせましょう（74ページ参照）。

葉ざしの名前管理

同時期にいくつもの種類を葉ざしすると、ネームプレートを立てていても、種類を取り違えることがあります。葉裏に直接、種類名を書いておくとより確実です。

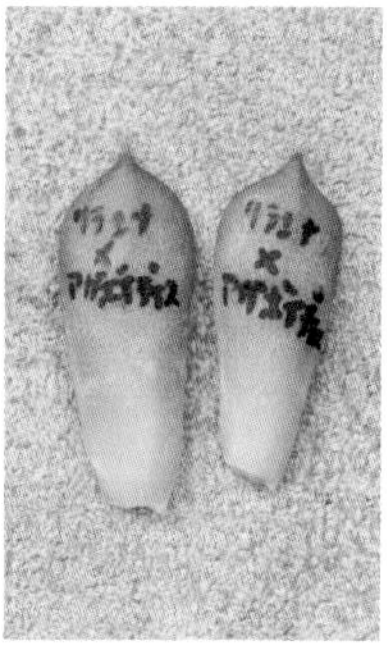

この病害虫に注意

アブラムシ、カイガラムシなど／花茎にアブラムシがつき、葉のすき間などにカイガラムシが潜んでいることがあります。気づいたら防除します（62、66ページ参照）。

今月の栽培環境・管理

置き場

●風通しのよい戸外の日なた／4月までと環境を変え、風通しのよい戸外の日なたで育てます。雨が当たってもかまいませんが、3日以上、雨が続くときは、雨が当たらない軒下などの明るい場所に移動させます。日ざしが強くなっていますが、遮光は行わず、できるだけ長く直射日光に当てます。

風通しには今まで以上に気を配ります。空気がよどみやすい場所では、水やり後に乾きにくく、湿度が高くなって蒸れやすくなります。この時期に蒸らしたり、逆に乾燥させすぎたりすると、正常に成長できず、形が悪くなるだけでなく、のちに株に障害が起きる原因にもなります。

鉢の間をあけるのも、風通しを改善する方法の一つです。必要であれば、サーキュレーターなどを稼動させて、株に直接風が当たらないように空気を動かします（84ページ参照）。

春と秋の置き場

（5月上旬～6月上旬、9月下旬～10月下旬）

庭やベランダなどの日なたに置く。
園芸用のラックやフラワースタンドを
利用すると便利

水やり

●用土が完全に乾いてから、鉢の下から3分の1が湿る程度／5月上旬から梅雨入り前の6月上旬は、株がよく成長する時期です。5月からは鉢内の用土が完全に乾いてから、トレイなどに入れた水に、ごく短時間、鉢底を浸す、一種の腰水《こしみず》で水やりを行います。吸わせる水の量は鉢の下から3分の1が湿る程度です。多少の慣れが必要ですので、101ページを参考に感覚をつかみましょう。水やりの頻度の目安はおおよそ週1回です。

肥料

●植え替え時に元肥を施す／5月に肥料分を多めに効かせると、葉が肉厚になり、締まった株姿に育ちます。春の植え替えを済ませた場合はすでに用土に元肥が含まれているので、追肥は施しません。

春の植え替えを行わない場合や、成長が緩慢な場合は、上記の水やりの際に、腰水に液体肥料（N-P-K＝6-10-5など）を規定倍率に薄めて施します。1～2週間に1回程度が目安です。

6月 June

Echeveria

6月のエケベリア

30℃以上の真夏日がふえてきます。中旬になると梅雨入りしますが、エケベリアは高温多湿の日本の夏が苦手です。遮光を行って温度を下げ、今まで以上に風通しを図り、水やりもやめて、夏越しに備えます。この時期になると紅葉が抜けて、ぼんやりとした葉色になり、株姿は締まりがなくなります。

Echeveria 'Laulindsa'

'ラウリンゼ'

肉厚な葉で整ったロゼット形。表面の白い粉が特徴的。葉が多いので、この時期、蒸れやすい。枯れた下葉をこまめに取って風通しをよくする。

今月の手入れ

●**支柱立て、花茎切り**／新たに伸びる花茎は少なくなります。支柱立ては64ページ、花茎切りは65ページを参照してください。

●**植え替え、株分け、葉ざし、胴切り、さし木、子株とり**／いずれも行えますが、早めに済ませましょう（68～71、75、88～89ページ参照）。7月下旬に半休眠の状態になるまでに新しい根を十分に発達させておきます。

●**交配、タネまき**／花は花茎の先端から順に咲くので、交配が行えます（72～73ページ参照）。交配から1か月程度で、果実の中でタネが成熟し、タネをまけます。とりまきをするか（74ページ参照）、6月中にまけない場合は冷蔵庫に保存して（110ページ参照）、10月にまきます。

この病害虫に注意

アブラムシなど／花茎にアブラムシがつくことがあります。見つけたら、取り除くか、殺虫剤で防除します（66ページ参照）。

カイガラムシなど／葉のすき間などに潜んでいるので、気づいたらすぐにピンセットなどで取り除きます（62ページ参照）。

軟腐病、灰色かび病など／高温多湿の環境下で発生しやすくなります。病気が発生した葉はすぐに取り除きます（81ページ参照）。予防には、まめに下葉を取る（80ページ参照）、春の植え替え時に葉と鉢土の間をあけて植える、などが効果的です。

今月の栽培環境・管理

置き場

●梅雨になったら、雨が当たらない、風通しのよい明るい日陰／5月に引き続き、梅雨入りまでの6月上旬は風通しのよい戸外の日なたで育てます。3日以上、雨が続くときは、雨が当たらない軒下などの明るい場所に移動させます。

風通しに注意し、常に空気が動くようにします。必要であれば、サーキュレーターなどを稼動させて、空気がよどまないようにします（84ページ参照）。

6月中旬になったら、雨が当たらない、風通しのよい明るい日陰に移動させます。

夏の置き場

（6月中旬～9月中旬）
日光が長時間当たる場所に置き、
遮光率30～60%の遮光ネットを張る

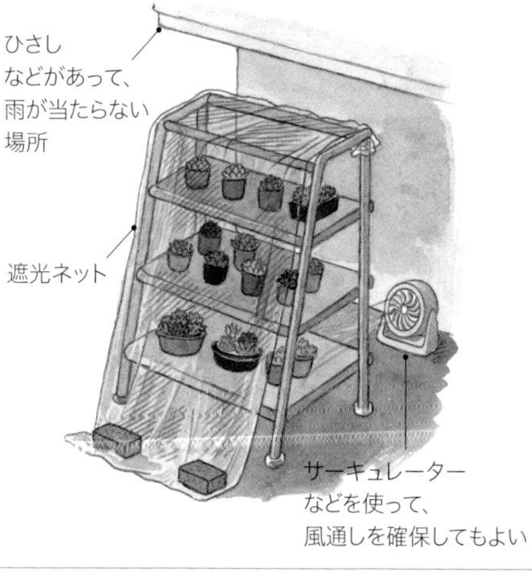
ひさし
などがあって、
雨が当たらない
場所
遮光ネット
サーキュレーター
などを使って、
風通しを確保してもよい

明るい日陰とは、遮光率30～60%の遮光ネットを張り、直射日光が当たるのを避けた状態です。育てている種類にもよりますが、交配種は遮光率30%にし、原種は特に日本の高温多湿が苦手なので遮光率60%にします（107、109ページ参照）。また、改めて、風通しについても確認しておきます。

水やり

●6月中旬からは水は与えない／6月上旬までは、5月と同様に鉢内の用土が完全に乾いてから、腰水で水やりを行います。トレイなどに入れた水に、ごく短時間、鉢底を浸します。水の量は鉢の下から3分の1が湿る程度です（101ページ参照）。

6月中旬～9月中旬は、基本的に水やりを行いません。梅雨どきは湿度が高く、水を与えると蒸れて根を傷めやすく、また、その間に軟弱徒長すると、梅雨明け後の急激な高温で葉を傷めてしまうためです。

肥料

●植え替え時に元肥を施す／この時期は液体肥料は施しません。6月いっぱいは植え替えや株分けなどが行えるので、用土に元肥として緩効性化成肥料（N-P-K＝6-40-6など）を規定量混ぜたものを使用します。

夏越しのトラブルを防ぐ

下葉取り

蒸れによる
病気発生を防ぐ

適期

5月下旬〜6月上旬

梅雨入り前にチェック

4〜5月に成長した株は、栽培条件によってはしばしば徒長気味になって、葉を横に大きく広げることがあります。下葉が鉢縁をふさぎ、株元の空気がよどんで蒸れ、灰色かび病、軟腐病の原因になります。

梅雨入り前に下葉を取って、株元の風通しをよくして、蒸れを防ぎます。下葉をぐるりと1周、取り除くのが基本ですが、株の中心部の葉よりも色が薄く、黄色くなっている下葉やしわが入り始めた下葉があれば、役割を終えつつあると考えて、早めに取り除きます。夏に多い蒸れによる病気を事前に防ぐのに役立ちます。

ほかの時期でも、傷み始めた下葉があれば、随時取り除くと、株の状態を常に健全に保つことができます。

step **1**

夏越し前の株

下葉が鉢縁を越えて広がり、株元にふたをする状態になっている。めくると枯れた葉も見える。

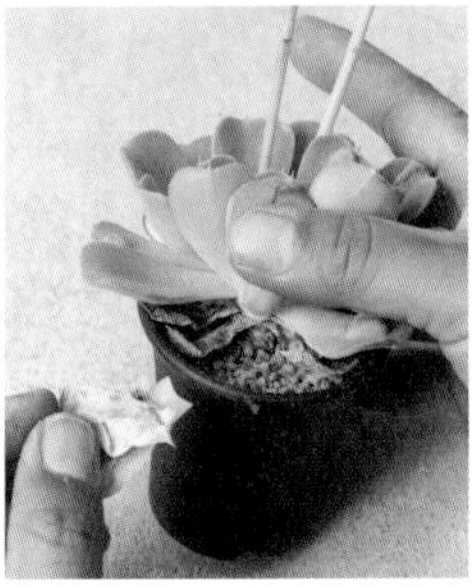

step **2**

枯れた葉を取る

枯れた葉を指でつかみ、横にずらすように動かせば、つけ根から簡単に取れる。

step **3**

黄色い葉も取る

葉裏を見て、中心部の葉よりも明らかに色が薄い（黄色い）下葉は取る。色が中心部と同じ程度であれば残す。

step **4**

株元はすっきりと

下葉取りを終えると、株元の茎が横から見えるようになる。この状態になると空気の通りが改善する。

病気株の救済法

早期発見なら十分救える

適期

主に6〜9月

患部を除去して葉ざしする

高温多湿の環境下では、病気が多く発生します。早期に発見すれば、株を救うことができます。

蒸れによる代表的な病気には、軟腐病、灰色かび病などがあります。株元から発生する場合が多く、徐々に茎から株全体へ被害が広がります。

成長点が集中する茎の上部（株の中心部）まで被害が広がると救済は難しくなります。その反面、葉のつけ根に白くて堅い健全な部分（71ページ参照）が残っていたら、葉ざしによって再生できる可能性があります。

患部はすべてきれいに取り除きます。残した葉を風通しのよい半日陰で数日乾かし、病気の進行が止まれば、葉ざしを行います（70〜71ページ参照）。なお、病気の株に触れた手や使用した道具は、ほかの株に病気をうつさないためにもアルコールなどでよく消毒しておきます。

step **1**

病気の発生した株

下葉が水っぽくなって溶け始めている。悪臭がすると軟腐病、臭いがなければ灰色かび病の可能性が高い。

step **2**

患部の除去

消毒した小型のナイフなどを使って、患部をすべて切り落とす。残っている葉をつけ根から取り分ける。

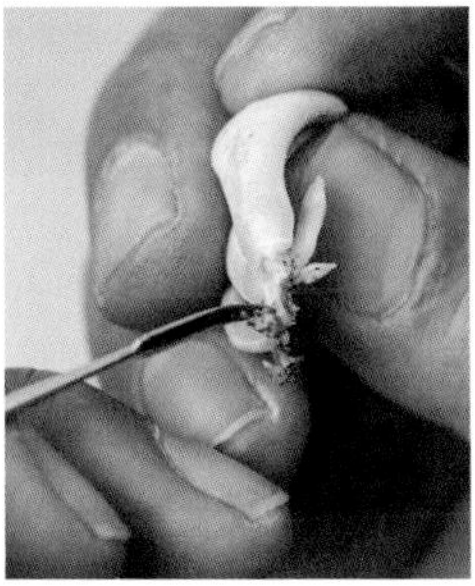

step **3**

葉のつけ根の処理

葉のつけ根の黒ずんだ部分は病原菌が繁殖しているので、ていねいにそぎ落とす。

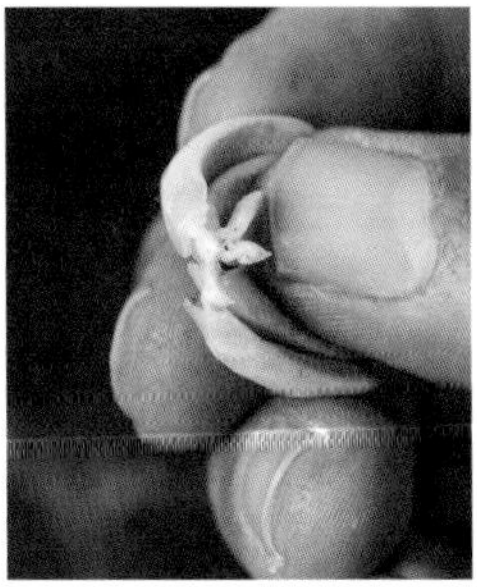

step **4**

白い部分を出す

患部を取り除いたあと、葉のつけ根に白くて堅い部分が残っていたら、新たな芽が出る可能性がある。葉ざしを行う。

7月 July

Echeveria

7月のエケベリア

7月中旬までは梅雨なので、蒸し暑い日が続きます。下旬には梅雨が明けますが、一転して強い日光が降り注ぎ、気温がぐんぐん上昇します。エケベリアは本来、暑さには強いものの、日本の高温多湿の梅雨で軟弱徒長した状態で猛暑を迎えると、傷みやすくなります。株姿は締まりのない状態が続きます。

Echeveria cante

カンテ（原種）

白い粉を葉全体にまとい、最大直径40cmにもなる大型種。夏も遮光せず、強い日光に当てて育てると、白い粉が厚くなり、健全に育つ。雨に当てると粉が落ちるので注意。

今月の手入れ

●**花茎切り**／花が咲き終わる時期です。タネを成熟させるもの以外は早めに花茎を切り取ります（65ページ参照）。

●**交配**／花は7月上旬ごろまで咲くので、まだ行えます（72～73ページ参照）。1か月程度で、果実の中でタネが成熟しますが、高温期は管理が難しいので、とりまきは行いません。冷蔵庫で保存し（110ページ参照）、10月にまきます。

この病害虫に注意

アブラムシなど／花茎にアブラムシがつくことがあります。見つけたら、取り除くか、適用のある殺虫剤で防除します（66ページ参照）。

ハダニ、スリップスなど／梅雨明けの乾燥とともに多くなります。風通しをよくすることで発生を防げます。被害がひどい場合は、適用のある殺虫剤で防除します。

カイガラムシ、ネジラミなど／カイガラムシは葉のすき間などに潜んでいるので、気づいたらすぐにピンセットなどで取り除きます（62ページ参照）。

　ネジラミ（サボテンネコナカイガラムシ）は水やりを控えて、鉢内が乾燥する7月下旬ごろから発生しやすくなります。春秋の年2回の植え替え時に根をチェックして、取り除きます。

軟腐病、灰色かび病など／6月に引き続き、よく発生します（81ページ参照）。

今月の栽培環境・管理

置き場

●雨が当たらない、風通しのよい明るい日陰／雨が当たらない、風通しのよい明るい日陰で育てます。6月に設置した遮光率30～60%の遮光ネットの下で、直射日光が当たるのを避けます（79ページ参照）。交配種は遮光率30%にし、原種は特に日本の高温多湿が苦手なので遮光率60%にします（107、109ページ参照）。

遮光の目的は主に温度の上昇を防ぐためです。最近では真夏に40℃近くの極端な高温が続くことがありますが、その場合は遮光ネットを重ねて遮光率を高めるとよいでしょう（下の写真参照）。

風通しに注意し、必要であれば、サーキュレーターなどを稼動させて、常に空気が動くようにします（84ページ参照）。

台風が多くなる時期です。接近する場合は、室内など雨風が当たらない安全な場所へ移動させます。

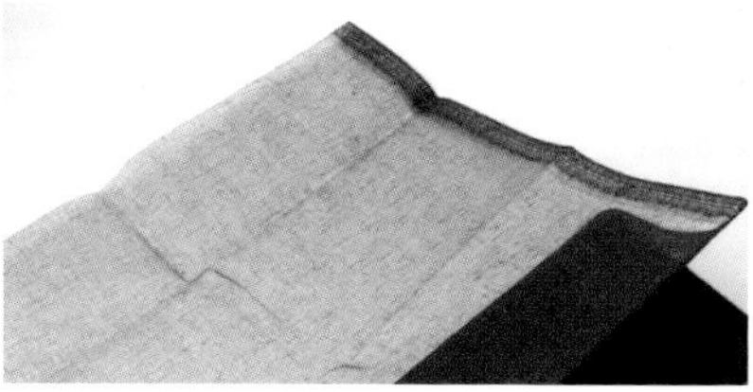

遮光率40%の遮光ネット。2枚重ねで使用すると、遮光率は60%を超える。

水やり

●水は与えない／基本的に水やりは行いません。水を与えすぎると、姿形が悪くなるだけでなく、葉の傷みや病気の原因になります。

肥料

●施さない／根の活動がほとんど止まっているので、この時期は施しません。

日光を好む種類

夏には、ほとんどの種類は遮光率30～60%の遮光ネットの下で管理しますが、例外があります。葉の表面の白い粉が特徴のラウイ、カンテなどは、夏の間も一切、遮光を行いません。

白い粉には強い紫外線から葉の細胞を守る働きがありますが、夏に遮光をすると粉が薄くなり、その結果、秋や冬に病原菌に侵されやすくなってしまいます。

霜のおそれがなくなった4月下旬から、軒下ではなく、日光がよく当たる場所に出して、強い日ざしに徐々に慣らしておきます。ただし、天気予報を確認し、雨が降りそうな日はあらかじめ軒下などに移動させます（109ページ参照）。

8月 August

Echeveria

8月のエケベリア

高温が続き、年によっては連日40℃近くの猛暑が続くこともあります。お盆を過ぎると暑さは一段落しますが、それまでは夜温も高く、寝苦しい日が続きます。この時期、エケベリアは水やりを行わず、半休眠状態です。葉の間がゆるんで、締まりがない株姿になるものもありますが、大きな変化はありません。

Echeveria 'Jade Star'

'ジェイド・スター'

明るい翡翠色の葉は、秋にはサンドベージュに変わる。大株になると幅広の葉が際立ち見事。夏の強光で葉に黒斑が入るので遮光率20～30%にする。性質強健で、葉ざしでふえる。

今月の手入れ

半休眠の状態で夏越しをしているため、行える作業は特にありません。

この病害虫に注意

ハダニ、スリップスなど／温度が高く乾燥した時期によく発生します。風通しをよくすることで発生を防げます。被害がひどい場合は適用のある殺虫剤で防除します。

カイガラムシ、ネジラミなど／カイガラムシは葉のすき間などに潜んでいるので、気づいたらすぐにピンセットなどで取り除きます（62ページ参照）。

ネジラミ（サボテンネコナカイガラムシ）は水やりを控えて、鉢内が乾燥するこの時期に発生しやすくなります。春にも植え替えを行っていると発生が防げます。春秋の年2回の植え替え時に根をチェックして、取り除きます。

サーキュレーターの使い方

狭い置き場や簡易温室などでは、風通しに気をつけていても、隣の鉢の陰になるなど、空気がよどむ場所ができることがあります。サーキュレーターや小型の扇風機を使うと安心です。このとき、サーキュレーターから株に直接、風が当たらないように注意し、常に置き場全体の空気が動くようにするのがコツです。

今月の栽培環境・管理

置き場

●雨が当たらない、風通しのよい明るい日陰／7月に引き続き、雨が当たらない、風通しのよい明るい日陰で育てます。遮光率30～60％の遮光ネット下で、直射日光が当たるのを避けます（79ページ参照）。交配種は遮光率30％にし、原種は特に日本の高温多湿が苦手なので遮光率60％にします（107、109ページ参照）。40℃近くの極端な高温が続く場合は遮光ネットを重ねるなどして遮光率を高めるとよいでしょう（83ページ参照）。

風通しに気を配り、常に空気が動くようにします。日によっては夜間に風が止まり、蒸れることもあるので注意します。必要であれば、サーキュレーターなどを稼動させて、夜間も空気がよどまないようにします（左ページ参照）。

台風が接近したり、上陸したりする時期です。事前に室内など雨風が当たらない安全な場所へ移動させます。

水やり

●水は与えない／基本的に水やりは行いません。すでに葉に多くの水分をため込んでいるため、2～3か月の間なら、まったく水やりを行わなくても問題はありません。

肥料

●施さない／半休眠の状態に入っているので、この時期は施しません。

異変には早期に対応を

下の写真は夏に蒸れが原因で株を傷め、枯らしてしまう典型的な例です。左から右に、傷みがひどくなっています。

最初は外葉の枯れが目立ち、一部の葉には黒斑が出ています（①）。外葉のつけ根から根や茎に傷みが移り、中央の葉がいじけたり、黒ずんだりして、異変が拡大します（②）。根が適切に水分を吸えなくなると、全体の葉にしわが寄り、枯れ始めます（③）。ついには、葉がすべてしぼんで黒ずみ、枯れてしまいます（④）。

株の中心部が傷むとまず回復しません。一番左の状態のときに、傷んだ外葉を除去し、株元の風通しを改善すると、悪化を防ぎ、回復する可能性があります。

9月 September

Echeveria

9月のエケベリア

残暑はまだ続いていますが、朝晩は次第に過ごしやすくなってきます。また、9月中旬ごろから長雨になることもあります。エケベリアは夏越しを終えて、中旬ごろになると再び生育を開始します。9月下旬の秋の彼岸を過ぎると、夜温の低下とともに、葉が少しずつ色づき、葉もふっくらとして、株姿が締まってきます。

Echeveria 'Hanazukiyo'

'花月《はなづき》夜《よ》'

日本で作出された品種。丈夫で育てやすい。子株は出にくいが、葉ざしでよくふえ病気にも強いので、初心者にもおすすめ。紅葉時は葉先がうっすらとピンクに染まる。

今月の手入れ

●植え替え、株分け、葉ざし、胴切り、さし木、子株とり／いずれも適期です。9月下旬〜10月下旬はエケベリアが最もよく成長する時期。9月中に作業を終えて、そのあとの本格的な生育期に備えます（68〜71、75、88〜89ページ参照）。

夏に傷んだ株は植え替えます。春に植え替えたものも、できればこの時期に植え替えましょう。秋から冬の栽培は、春から夏の栽培とは異なり、蒸れて根が傷むおそれが少ないため、水もちのよい細かい用土を使うことができます。水やりの間隔があけられ、手間がかからないのが利点です（102ページ参照）。

この病害虫に注意

ハダニ、スリップスなど／気温が高く乾燥する時期によく発生します。風通しをよくすることで発生を防げます。被害がひどい場合は適用のある殺虫剤で防除します。

カイガラムシ、ネジラミなど／カイガラムシは葉のすき間などに潜んでいるので、気づいたらすぐにピンセットなどで取り除きます（62ページ参照）。

ネジラミ（サボテンネコナカイガラムシ）は水やりを控えて、鉢内が乾燥するこの時期に発生しやすくなります。春にも植え替えを行っていると発生が防げます。ちょうど秋の植え替え時期なので、根をチェックして、取り除きます。

今月の栽培環境・管理

置き場

●9月下旬から風通しのよい戸外の日なたへ／9月中旬までは、雨が当たらない、風通しのよい明るい日陰で育てます。遮光率30〜60％の遮光ネットの下で、直射日光を避けます（79ページ参照）。

風通しに注意し、常に空気を動かします。必要であれば、サーキュレーターなどを稼動させて、夜間も空気がよどまないようにしましょう（84ページ参照）。

9月下旬からは、風通しのよい戸外の日なたで育てます。直射日光にできるだけ長く当てますが、秋の快晴の日は紫外線が強く、葉焼けを起こすことがあります。特に遮光ネットを外した直後が危険です。

前日に水やりを行うか、遮光ネットを外した直後に、ジョウロでさっと葉水を与えると、葉焼けを防げます。

葉焼けを防ぐ方法

快晴時など、一時的に遮光したいときは、
鉢底網を株の上に置くと便利。
遮光ネットを適当な大きさに
切って使ってもよい

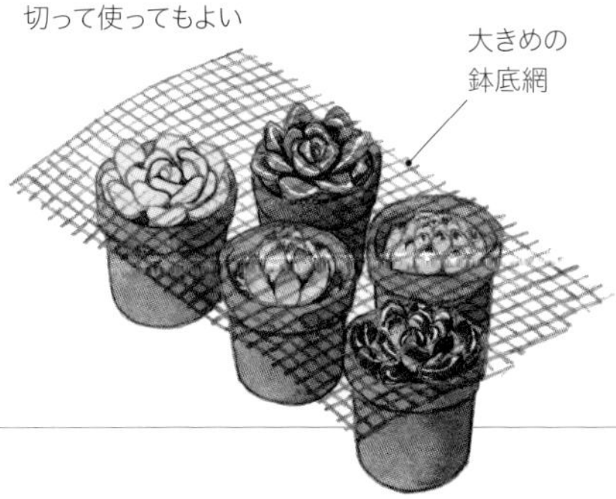

9月下旬からは雨が当たってもかまいませんが、3日以上雨が続くときは、軒下などの明るい場所に移動させます。台風の上陸の多い時期です。室内などに早めに避難させておきましょう。

水やり

●9月下旬から、用土が完全に乾いてから、鉢の下から3分の1が湿る程度／9月中旬まで、水やりは基本的に行いません。下旬になったら、5月上旬〜6月上旬と同じ腰水の方式で、水やりを開始します。鉢内の用土が完全に乾いてから、トレイなどに入れた水に、ごく短時間、鉢底を浸します。吸わせる水の量は鉢の下から3分の1が湿る程度です（101ページ参照）。水やりの頻度はおおよそ週1回です。

肥料

●植え替え時に元肥を施す／植え替えや株分けなどで株を植えつけるときには、用土に元肥として緩効性化成肥料（N-P-K＝6-40-6など）を規定量混ぜたものを使用します。この場合、液体肥料などによる追肥は必要ありません。

秋の植え替えを行わない場合は、9月下旬から水やりの際に、腰水に液体肥料（N-P-K＝6-10-5など）を規定倍率に薄めて施します。1か月に2回程度が目安です。

ふやし方④　さし木、子株とり

さし木

仕立て直しを 兼ねて行える

適期

3月下旬〜6月下旬、9月

美しい姿によみがえらせる

茎の先端部を茎をつけて切り、さし穂にして用土にさせば、簡単にふやすことができます。徒長して茎が伸び、全体に間のびした株があれば、さし木で仕立て直して、再び美しい株姿に育てましょう。

整理した葉や残った株元の茎からも芽が出るので、とって植えれば新しい株として育てることもできます。

徒長して茎が長く伸びた株。茎の途中から気根（丸印）が出ていることから、根詰まりを起こしていることが考えられる。

step 1

先端部を切る

葉が残っている先端部の3分の1ぐらいのところで切る。上部は葉がそろっていて、ある程度形が整っている。

step 2

気根の下で切る

茎から出ている気根を生かして植えつけると、新たな株をふやせる。気根の下で切る。

step 3

3つに分割された

先端部、中間部、茎だけの下部の3つに分割された。先端部、中間部はさし穂として使う。

step **4**

さし木をする

先端部、中間部の茎を用土にさした。さすときに整理した下葉も葉ざしができる（70～71ページ参照）。

step **5**

茎から芽が吹く

残った下部は新しい用土で植え替える（68～69ページ参照）。2週間ほどで根づき、2か月ほどで芽（子株）が出てくる。

ハサミやナイフは消毒を

ハサミやナイフは、異なる個体に触れるたびに、刃の部分をライターなどの火であぶって消毒し、ウイルスや病原菌の伝染を防止します。なお、特に柔らかい茎や葉を切るときは、よく切れるナイフを用います。ハサミでは切断面の細胞がつぶれ、病気になることがあります。左ページのような株の堅い茎であればハサミでも大丈夫です。

子株とり

最も簡単なふやし方

適期

3月下旬～6月下旬、9月

わき芽をつけ根から取る

子株ができたら、つけ根から切り分けると容易にふやせます。なお、子株ができにくい種類もあります（75ページ参照）。

step **1**

子株を切り離す

火であぶって消毒したナイフなどで子株をつけ根から切って、1日乾かす。

step **2**

子株を植えつける

茎を用土に差し込む。不安定ならU字形の針金で固定（75ページ参照）。

step **3**

次の子株を育てる

茎が長い場合、葉を1枚（丸印）残して子株をとると、わき芽から子株が出る。

寄せ植えを楽しむ

姿や形の個性を組み合わせる

適期

3月下旬〜6月下旬、9月

同じ生育タイプなら混植できる

秋から冬のエケベリアは、株姿、色ともにたいへん美しく、観賞の適期といえます。1鉢ごとじっくりと楽しむだけでなく、多様な種類を寄せ植えにすると、形や色の対比が生まれ、それぞれの個性が際立ってきます。ここでは、エケベリアだけでなく、入手しやすいほかの多肉植物と一緒につくる寄せ植えをご紹介します。

準備するもの

①エケベリア、セダム、クラッスラ、グラプトベリアなど。管理を考えて、いずれもエケベリアと同じ春や秋に生育するタイプでそろえる。
②植えつけ用の土。ここでは水はけを考えて、春の植え替え用土を使用(102ページ参照)。
③植えつける容器。ここでは金属製の小物を利用。
＊このほか、見栄えをよくする仕上げ用として、ココヤシファイバー(または水ゴケ)なども用意するとよい。

step 1

ゴロ土と用土を入れる

容器の底に軽石などのゴロ土を入れ、用土を薄く敷く。

step 2

最初の株を決める

奥に草丈の高いもの、手前に草丈の低いものを配置するのが基本。奥の列のセンターの株を決め、根鉢をくずさず植える。

step 3

ほかは根鉢をくずす

2番目以降の株は根鉢の周囲をある程度くずして、隣の株との接触面をつくる。

step **4**

根鉢を密着させる

3の株の根鉢の接触面を、**2**で置いた株の根鉢に密着させて植えつける。

step **5**

用土を補う

ぎっしりと詰めて植えるが、できたすき間には用土を随時補う。

step **6**

最後にさらに詰める

植え終わったら、両サイドから指で株を押して詰め、互いの根鉢、用土を密着させる。すき間があいたら、さらに用土を補う。

step **7**

仕上げ

表面の空いた場所はココヤシファイバー（または水ゴケ）などで覆い、見栄えをアップ。

完成！

日の当たる場所で観賞

よく日の当たる場所に置き、1か月に1回、コップ3分の1程度の水を水差しで株間に与える。5℃以下になるときは室内へ。半年楽しんだら、ばらして植え替えるとよい。

10月 October

Echeveria

10月のエケベリア

爽やかな日が多くなります。10月の最高・最低気温の平均はエケベリアの生育適温13～25℃の範囲内に収まり、エケベリアが1年で最もよく成長する時期です。根の活動が盛んになり、養水分をよく吸い、葉がふっくらとし、株姿が引き締まってきます。紅葉する種類は、夜温が下がるにつれて色づいてきます。

Echeveria diffractens

ディフラクテンス（原種）

ピンクや紫を帯びた深い色が特徴。高温多湿に弱いので、夏は風通しのよい明るい日陰で管理する。花芽につく葉でも葉ざしができるので、夏枯れに備えてふやすとよい。

今月の手入れ

●タネまき／冷蔵庫に保存していたタネをまくことができます。タネは時間がたつにつれて発芽率が悪くなります。翌年にまくこともできますが、今年の春から夏にとったタネは、できればこの時期にまくようにします（110ページ参照）。

この病害虫に注意

カイガラムシなど／葉のすき間などに潜んでいるので、気づいたらすぐにピンセットなどで取り除きます（62ページ参照）。

美しい株姿をつくる水やり

　この時期に多い失敗は、水やり不足でやせた株姿にしてしまうことです。11月以降になると根の活動が鈍るため、冬の間、株姿は回復しません。水やりの基本を守りながら、株の状態をよく見て、気温が高めの日が続く場合はやや多めに、翌日に気温が下がりそうなら少なめにするなど、与える水の量を微調整すると、より美しい株姿をつくることができます。

左は正しい水やりをした株、右は水が足りなかった株。

今月の栽培環境・管理

置き場

●風通しのよい戸外の日なた／9月に引き続き、風通しのよい戸外の日なたで育てます。できるだけ長く直射日光に当てるようにします。まだこの時期も、晴天の日は紫外線が強く、油断すると葉焼けを起こすことがあります。特に日ざしが強い日は、11〜14時ごろまで、鉢の上に遮光ネットか鉢底ネットを置いて、葉焼けを防ぎます(87ページ参照)。

9月下旬〜10月上旬は秋の長雨の時期ですが、多少の雨であれば、直接株に当ててもかまいません。ただし3日以上、雨が続くときは、雨が避けられる軒下などの明るい場所に移動させます。過湿は根腐れを起こしたり、病気の原因になったりすることがあります。

また、台風が接近するときは、事前に室内などに早めに避難させておきましょう。

生育期で水やりの回数も多くなるため、日照時間が十分に確保できないと、軟弱徒長の原因になります。風通しをよくして、常に空気を動かしておくことも、締まったきれいな株姿をつくるコツの一つです。必要であれば、サーキュレーターなどを稼動させて、空気を循環させます(84ページ参照)。10月下旬になると気温が低下し、一部の種類では紅葉が始まります。

水やり

●用土が完全に乾いてから、鉢の下から3分の1が湿る程度／9月下旬から引き続き、鉢内の用土が完全に乾いてから、腰水の方式で水やりを行います。トレイなどに入れた水に、ごく短時間、鉢底を浸します。水の量は鉢の下から3分の1が湿る程度です(101ページ参照)。水やりの頻度はおおよそ週1回です。

肥料

●液体肥料による追肥も可能／9月に引き続き、液体肥料による追肥を施せる時期です。ただし、秋の植え替えなどですでに用土に元肥を施した場合は、追肥は不要です。

秋の植え替えを行わない場合は、水やりの際に、腰水に液体肥料(N-P-K＝6-10-5など)を規定倍率に薄めて施します。

葉をよりぷっくりと肉厚にさせたい場合や、秋に植え替えたものの成長がきわめて緩慢な場合も、液体肥料を施します。いずれの場合も月2回程度が目安です。

なお、紅葉をきれいに色づかせて楽しみたい場合は、植え替え時の元肥も規定量よりも少なめにし、液体肥料も10月に入ってからは施さず、少しやせ気味に育てるのがコツです。

11月 November

Echeveria

11月のエケベリア

朝晩が冷え込んで、空気が冷たく感じられるようになります。最低気温が5℃を下回る日が出始め、年によっては、11月中旬ごろには初霜が見られます。エケベリアは生育が次第に緩慢になり、株姿の変化はほとんど見られなくなります。紅葉する種類は、低温に当たって、はっきりと鮮やかに色づき始めます。

Echeveria laui

ラウイ(原種)

ぷっくりとした葉と厚めの白い粉が特徴。中型種なので、鉢を大きくしながら育てるのもよい。冬の水やりは通常より少なめにして、風通しよく管理して、蒸れを防ぐ。

今月の手入れ

生育が次第に緩慢になるため、行える作業は特にありません。

この病害虫に注意

カイガラムシなど／葉のすき間などに潜んでいるので、気づいたらすぐにピンセットなどで取り除きます(62ページ参照)。

軟腐病、灰色かび病など／11～12月に簡易温室などを利用しているときによく発生します。どちらの病気も、風通しが悪く、日中に高温多湿で蒸れると発生しやすくなります。病気が発生した葉はすぐに取り除きます(81ページ参照)。なお、よく晴れて内部の温度が上がりそうなときは、扉や窓を開け、サーキュレーターなどで常に空気を動かしておきます。

霜よけ対策は最低気温5℃以下で

　初霜の降りる時期は地域や年によっても、大きく変化します。11月に入ると天気予報の最低気温に注意し、5℃を下回るようであれば、霜よけ対策として室内や簡易温室に鉢を移動させます。原産地では0℃以下になる場合もありますが、日本では休眠期に入る前の急な冷え込みには弱く、また予想よりも冷え込むこともあるので、余裕をもって、最低気温5℃を目安に考えることをおすすめします。

今月の栽培環境・管理

置き場

●霜の当たらない戸外の日なた／11月に入ったら、軒下やベランダなど、霜の当たらない戸外の日なたに鉢を置いて育てます。紅葉の色づきをより美しくさせるには、低温に当てることが欠かせませんが、間違って霜に当てると葉が凍傷を起こして、傷んでしまいます。

最低気温が5℃以下になりそうな場合は、室内の日光がよく当たる窓辺や、戸外の簡易温室などに移動させます。基本的に霜を避けるための対策なので、日中暖かければ戸外に置いて、寒波のときは夜間だけ室内に取り込むと安全です。

関東地方以西の平野部（特に都市）であれば、戸外に置いたまま、夕方から朝まで新聞紙を3枚重ねにして鉢の上にかぶせておくだけでも、霜よけになります（97ページのイラスト参照）。

簡易温室で育てている場合は、閉めきって蒸らさないように気をつけます。左ページの「この病害虫に注意」も参照してください。

冬の置き場

（11月上旬～4月下旬）

南向きの壁面のそばに置くと、
北風を防げると同時に、
輻射熱の効果で寒くなりにくい

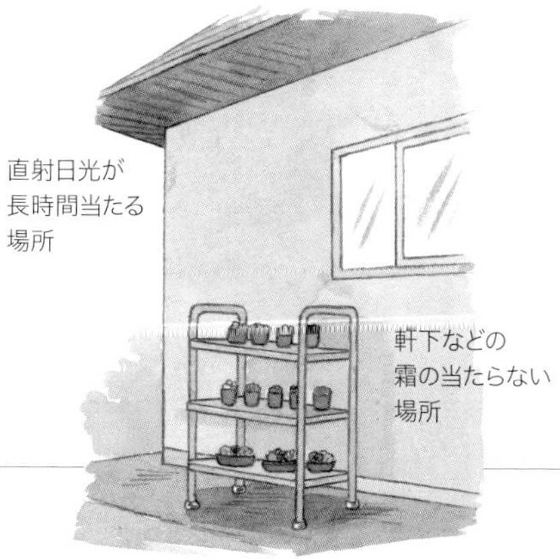

水やり

●用土が完全に乾いてから、鉢土の上から3分の1が湿る程度／この時期は水の与えすぎで株姿が悪くなったり、根を傷めたりすることが多いので注意します。そこで、10月までとは、水やりの方法を変えます。

鉢内の用土が完全に乾いてから、鉢土の上から3分の1ないし2分の1が湿る程度の水を与えます。鉢底から吸わせるのではなく、水差しなどを使って、葉にかからないように鉢縁から用土に直接、水を注ぎます（61ページ参照）。用土の乾き具合は竹串や割りばしを鉢にさして抜き出し、先端が湿っているかどうかで判断できます（101ページ参照）。水やりの頻度はおおよそ1週間に1回程度です。

肥料

●施さない／生育は次第に緩慢になるため、この時期は施しません。

12月 December

Echeveria

12月のエケベリア

日ざしが弱まり、木枯らしが吹きます。冬本番を迎え、最低気温は0℃を切り、氷が張ったり、霜が降りたりする日もふえます。エケベリアは休眠期に入り、根は活動をほとんど止め、水分を吸わなくなります。締まった株姿を保ったままで、目に見える変化はほぼなくなります。紅葉する種類は鮮やかに色づきます。

Echeveria purpusorum

プルプソルム（原種）
（園芸名＝大和錦）

光沢をもった鋭い葉がロゼット形に広がり、ハオルチアを思わせる姿が特徴。特に冬には締まった株姿になり、シャープな印象になる。葉に入る斑点も見どころの一つ。

今月の手入れ

休眠期なので、特に作業はありません。

この病害虫に注意

カイガラムシ、ネジラミなど／カイガラムシは葉のすき間などに潜んでいるので、気づいたらすぐにピンセットなどで取り除きます（62ページ参照）。

ネジラミ（サボテンネコナカイガラムシ）は、主に根について生育を阻害します。12〜2月の休眠期には水やりを控え気味にするため、鉢内が乾燥して、発生しやすくなります。春秋の年2回の植え替え時に根をチェックして、取り除きます。

軟腐病、灰色かび病など／11〜12月に簡易温室などを利用しているときによく発生します。どちらの病気も、風通しが悪く、日中に高温多湿で蒸れると発生しやすくなります。病気が発生した葉はすぐに取り除きます（81ページ参照）。なお、よく晴れて内部の温度が上がりそうなときは、扉や窓を開け、サーキュレーターなどで常に空気を動かしておきます（84ページ参照）。

1〜2月は温度が下がり、空気が乾燥するため、発生は少なくなります。

今月の栽培環境・管理

置き場

●霜の当たらない戸外の日なた／11月に引き続き、軒下やベランダなど、霜の当たらない戸外の日なたに鉢を置いて育てます。12月下旬には冬至を迎え、1年で最も昼の短い時期です。日中はできるだけ長時間日光が当たる場所で育てます。

霜に当たると葉が凍傷を起こして傷むので、注意します。最低気温が5℃以下になる場合は、室内の日光がよく当たる窓辺や、戸外の簡易温室などに移動させます。日中暖かければ戸外に置いて、寒波のときは夜間だけ室内へ取り込むと安全です。

関東地方以西の平野部（特に都市）であれば、戸外に置いたまま、夕方から朝まで、新聞紙を3枚重ねにして、鉢の上にかぶせておくだけでも、霜よけになります（下のイラスト参照）。

新聞紙を使った霜よけ

夕方、鉢の上にかぶせる。
朝になったら、取り除いて、日光を当てる

3枚重ねの
新聞紙
風で
飛ばないように、
四隅に重しを
置いておく

簡易温室で育てている場合は、閉めきって蒸らさないように気をつけます。左ページの「この病害虫に注意」も参照してください。

水やり

●用土が完全に乾いてから、鉢土の上から3分の1が湿る程度／11月に引き続き、鉢内の用土が完全に乾いてから、鉢土の上から3分の1ないし2分の1が湿る程度の水を与えます。水差しなどを使い、葉にかからないように鉢縁から用土に直接、水を注ぎます（61ページ参照）。

用土の乾き具合は、竹串や割りばしを鉢にさして抜き出し、先端が湿っているかどうかで判断できます（101ページ参照）。置き場の環境や用土によって異なりますが、この時期の水やりの頻度は1～2週間に1回程度です。

肥料

●施さない／休眠期のため、この時期は施しません。

育て方の基本

置き場

年間を3つの時期に分けて考える

●生育タイプは「春秋型」

エケベリアは多肉植物のなかでも、春と秋によく成長する「春秋型」の生育タイプです。主な種類の生育適温は13～25℃で、東京の最高・最低気温の月別平均値で考えるとおおよそ5月と10月にあたります。そこで置き場は生育に適した春と秋、高温多湿の夏、そして生育適温に満たない冬の3つの時期に分けて考えます。

●春と秋の置き場／風通しのよい戸外の日なた

春と秋（5月上旬～6月上旬、9月下旬～10月下旬）はエケベリアが1年でも最も成長する時期なので、戸外の風通しがよい場所で、直射日光に十分に当てて、しっかりと育てます。この時期は多少の雨であれば株に当たっても、3日以上雨が続かなければ、問題はありません。

この時期に日光があまり当たらず、水や肥料が多めだと、一番の成長期だけにすぐに間のびして、軟弱徒長の状態になってしまいます。日照時間を長く確保し、風通しもよくして、できるだけ締まった姿に成長させるようにします。

●夏の置き場／雨が当たらない、風通しのよい明るい日陰

エケベリアの主な原産地であるメキシコ高地の乾燥地帯は、日中に40℃近い

原産地メキシコと日本の気候

月別平均の気温と降水量を日本の東京とメキシコの2都市で比較してみた。東京の平均気温は1月の5.2℃、8月の26.4℃と、冬と夏の温度の差が大きい。メキシコの2都市は年間を通じてほぼ15℃から25℃の間で推移。降水量は東京が多く、特に6～10月は150mm以上の月が続く。メキシコでは4か月ほどの雨季と、それ以外の乾季とにはっきり分かれる。

東京の月別気温と降水量

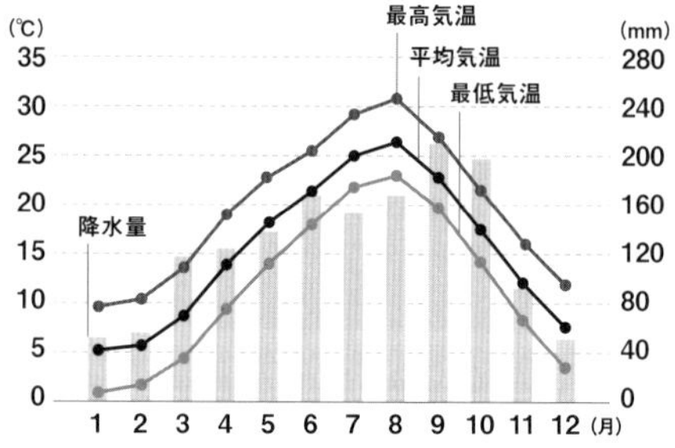

気象庁ホームページより、1981～2010年の平均値。

高温になることも特別なことではありません。しかし、夜間には気温が下がり、湿度も低いため、蒸れることはありません。

一方、関東地方以西の平野部では、6～9月は最低気温が20℃以上の日が多く、25℃以上の熱帯夜も年によっては30日以上あります。また、この時期の月平均の相対湿度は70％以上で高温多湿の状態が長く続きます。エケベリアはこうした環境下では、蒸れによって根や葉が傷みやすくなります。

そこで、梅雨入りする6月中旬から暑さの落ち着く9月中旬までの間は、できるだけ温度を下げて涼しくし、蒸れにくい環境で栽培します。雨がかかると蒸れて葉が腐るおそれがあるので、軒下などの風通しのよい場所で、遮光率30～60％の遮光ネットを張った明るい日陰に置きます。また、通風にも十分に気を配ります。

●冬の置き場／
霜の当たらない戸外の日なた

11月に入ると最低気温が10℃を下回る日がふえ始め、エケベリアの成長は次第に緩慢になってきます。12月には最高気温が生育適温の13℃を下回る日が多くなり、休眠状態に入ります。このあと、最高気温の平均が13℃を上回るのは3月中旬、最低気温の平均が13℃を上回るのは5月に入ってからです。

そこで、11月上旬～4月下旬は、同じ冬の置き場で管理をします。軒下やベランダなど、霜の当たらない戸外の日なたで、なるべく長い時間日光に当てます。霜に当たると葉が傷むので、最低気温が5℃を下回るときは室内の日光がよく当たる場所に取り込むか、夜間だけ新聞紙を3枚重ねにして、鉢の上にかぶせるなどして防寒します（97ページのイラスト参照）。

サン・ルイス・ポトシの月別気温と降水量
（メキシコ中部の都市、標高約1900m）

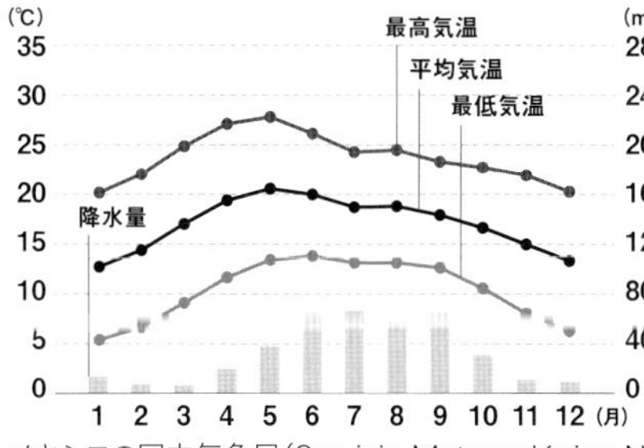

モンテレイの月別気温と降水量
（メキシコ北東部の都市、標高約500m）

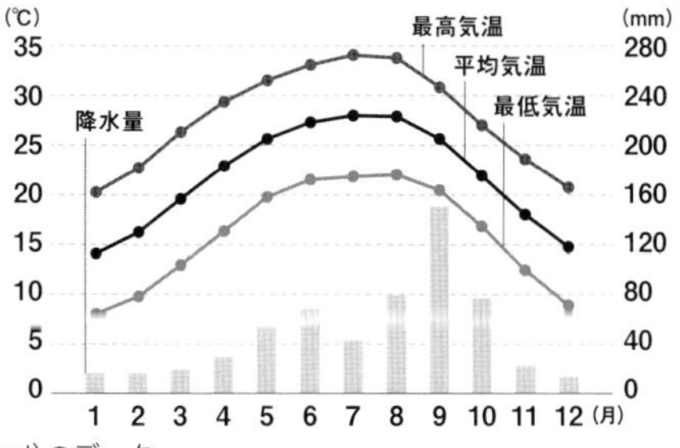

メキシコの国立気象局（Servicio Meteorológico Nacional）のデータ。
1951～2010年の平均値。

水やり

夏は水やりを控える

●春と秋の水やり／
鉢の下から3分の1が湿る程度

置き場と同様に、エケベリアの生育リズムに合わせ、3つの時期に分けて、水やりの方法を変えます。

株がよく成長する5月上旬～6月上旬と、9月下旬～10月下旬は、鉢内の用土が完全に乾いてから、鉢底から水を吸わせる一種の腰水《こしみず》で、鉢の下から3分の1が湿る程度の水やりを行います(右ページ参照)。

鉢の上から水を与えた場合、誤って葉の間に水を落とすことがある(病気の誘因になる)だけでなく、鉢土と下葉の間が狭く、鉢土が湿ると乾きにくく、下葉が蒸れて腐りやすくなります。しかし、鉢底から水を吸わせる方法ならそうしたことも防げます。夏の間も含めて、5～10月は、用土を乾いた状態に保つことが大切です。

なお、春と秋の水やりは1週間に1回程度がおおまかな目安ですが、地域の気象条件や置き場や風通しなどの栽培環境によって大きく変わるため、日数にとらわれず、鉢内の用土が完全に乾いたら水やりを行うよう心がけましょう。

また、用土や鉢の種類でも用土の乾く早さは異なります。用土の乾き具合は竹串や割りばしを使うと、簡単に調べることができます(右ページ参照)。

●夏の水やり／
基本的に水は与えない

梅雨入り後の6月中旬～9月中旬は、基本的に水やりを行いません。高温多湿下で水を与えると根や下葉が腐りやすくなるためです。水を切ることで、人工的に乾季をつくって半休眠の状態にさせます。春の成長期に葉にたっぷりと水を蓄えているので、夏の間の乾燥には十分耐えられます。

●冬の水やり／
鉢土の上から3分の1が湿る程度

11月上旬～4月下旬は、鉢内の用土が完全に乾いてから、鉢土の上から3分の1もしくは2分の1が湿る程度の水を与えます。水差しなどを使い、葉にかからないように注意しながら、鉢縁から用土に直接、水を注ぎます(61ページ参照)。

この時期は秋の植え替え後、根がまだ十分に伸びておらず、また温度が下がって根の活動も鈍ってきます。温度が低いため、用土が湿っていても蒸れにくい反面、鉢底から水を吸わせると鉢内がいつまでも湿ったままになり、根を傷める原因になります。鉢土の上から少量の水を与えることで、鉢底の土は乾いた状態にし、根が呼吸できるようにします。

この時期の水やりの頻度の目安はおおよそ月に1～2回程度ですが、水の与えすぎを避けるためにも、春と秋の水やりと同様に日数にとらわれず、竹串や割りばしで鉢内の用土の乾き具合を確認するようにしましょう。

鉢底から水を吸わせる

春と秋はトレイや平皿などに水を入れ、鉢ごとつけて、鉢底から水を吸わせる（短時間の腰水）。用土が水を余分に吸い上げないうちに短時間で水から取り出す。

step
1

トレイに水を入れる。水の深さは鉢の高さの3分の1以上にしないこと。

step
2

通常のプラスチック鉢（上）なら10秒程度、スリット鉢（下）なら5秒程度、水に浸す。

step
3

浸透圧で上まで水がしみ込まないうちに鉢を取り出す。用土によっても異なるので適切な時間を見つけるとよい。

用土の乾き具合を調べる

用土の乾き具合は用土に竹串や割りばしをさして、先端の湿りの有無で判断できる。下葉が広がり、株と鉢の間が狭くなってきたら、細い竹串のほうが使いやすい。

step
1

竹串や割りばしを鉢縁にさし込んで少し待つ。さす深さは用土の表面から3分の1（または2分の1）が目安。

step
2

竹串や割りばしの先端が乾いたままなら、鉢内の用土が乾いている証拠。湿っていたら、水やりはまだ。

●こんな応用も

左の鉢底からの水やりにも応用できる。竹串や割りばしの先に、鉢の高さの3分の1の位置に印をつけて用土にさし、随時抜き出して、ぬれている高さを確認。何秒水につけるとよいか、コツをつかむ。冬の水やり時には、用土の表面から3分の1（または2分の1）の高さまでの印をつけると、同じ方法で水やりがチェックできる。

用土と肥料

春と秋の植え替えで用土を替える

●用土／粒の大きさで水はけを調整

本書では春と秋の年2回の植え替えをおすすめしています。春の植え替えでは、高温多湿の夏をいかに乗り切るかに主眼を置いて行います。用土は水はけのよさを優先し、粒の大きなものを用います。それに対して、秋の植え替え用土には、粒の小さいものを選び、水もちのよさを高め、冬の乾燥時の乾きすぎに備えます。

栽培に慣れたら、育てている環境や管理方法によって、用土の配合比率を調整するとよいでしょう。使う資材の特徴は以下を参考にしてください。高冷地や寒冷地など、高温多湿の時期が短いかほとんどない地域では、水もちのよい赤玉土をふやし、水もちの悪い鹿沼土を減らす方法もあります。また、そうした地域では年に1回の植え替えでも問題ありません。

●用いる資材の特徴

赤玉土／水はけ、通気性、水もちがよく、肥料分は含まないものの、保肥性にも優れています。粒は比較的くずれやすく、長期にわたって使用するとみじん（粉末状）になり、水はけが悪くなります。

鹿沼土／水はけ、通気性がよく、水もちはよくありません。ほぼ無菌で赤玉土よりも硬く、くずれにくいのが特徴です。

堆肥／良質の微生物を含む有機物として、ここでは馬ふん堆肥を使用しています。牛ふん堆肥、豚ぷん堆肥、鶏ふん堆肥よりも肥料分が少なく、根に対する悪影響は小さくなります。水はけ、通気性がよく、保肥性も優れています。細かすぎるものは水はけを悪くするのでふるいで落とし、使わないようにします。

ピートモス／酸度を中性に調整したもの（pH調整済みの表示のあるもの）を使用。通気性がよく、保水性に富みます。ここでは、バーミキュライトが含まれているものを使用しています。

春の植え替え用土

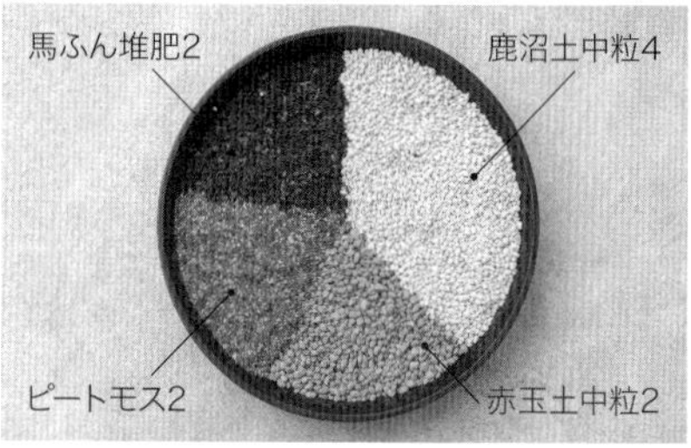

馬ふん堆肥は大の網目のふるいに残ったものを使用。

秋の植え替え用土

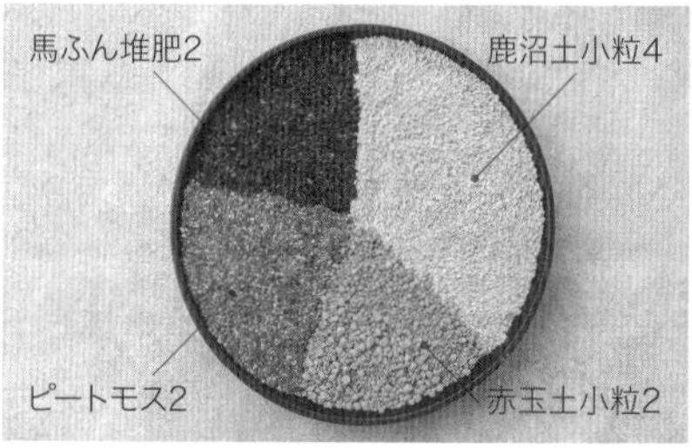

馬ふん堆肥は中の網目のふるいに残ったものを使用。

●肥料／植え替え時の元肥を中心に

春と秋の年2回の植え替え時に規定量の緩効性化成肥料（N-P-K＝6-40-6など）を用土に混ぜておきます。肥料の効果は半年以上続くため、それ以外に追肥は必要ありません。

植え替えを行わない場合は5月と9月下旬〜10月下旬に、液体肥料（N-P-K＝6-10-5など）を2週間に1回程度、規定倍率に薄めて施します。腰水にする水に液体肥料を混ぜて水やり代わりに施すとよいでしょう。

緩効性化成肥料。元肥で使用する中粒タイプ。

エケベリアを肉厚に育てるには

エケベリアは意外に多肥を好みます。最もよく成長する5月と10月に、肥料と水を多めに与えると、葉がぷっくりと肉厚になり、葉がくっつき合って、締まった株姿になります。ただし、日光が長時間当たり、風通しがよい環境でないと、徒長の原因になるので注意します。

右は規定量、左は2倍量を施肥。左のほうが肉厚で締まっている（品種は‘イードン・スノー’）。

あると便利な道具

①ピンセット。2種類あると便利。先端が丸まったタイプは葉の間に入った砂粒などを取り除くときに葉が傷つかない。とがったタイプは人工授粉などの細かい作業用。
②小型のナイフ（写真はクラフト用のステンレス製。スパチュラと呼ばれる）。
③ハサミ。小型のものが便利。
④はし。細かなものをつまむ。
⑤ライター。ナイフやハサミなどの刃先をあぶり、消毒する。
⑥土入れ。植え替え時に使用。
⑦水差し。鉢土に直接水を注げるように先端の細いものがよい。

Question

エケベリア栽培 Q&A

Answer

Q どんな状態の株を選べばいい？

入手時によい苗、悪い苗の見分け方がありますか。

A 形が整い、締まった印象の株を選ぶ

一枚一枚の葉が肉厚で、隣り合った葉とくっつき合ってロゼットの形がきれいに整い、全体にがっちりと締まったものがよい株です。

市販の苗には、まれに日光不足や水のやりすぎなどで、徒長気味に育っているものも見受けられます。まず、ロゼットの形をよく見てみましょう。

隣り合う葉の間隔が一定ではなく、中心部の葉は密着しているのに、外側の葉が長く伸びて、ばらけて広がっていることがあります。また、茎が伸びて、立ち気味になっていることもあります。

種類ごとの性質にもよりますが、こうした苗は徒長していると考えてよいでしょう。一度、間のびしてしまった株を、引き締まった姿につくり直すのは難しいので、最初からできるだけ整った姿の株を選ぶようにしましょう。もちろん、病気や葉焼けの痕などがあるものは避けます。

もう一つ重要なのは苗にネームプレートがついていて、名前が明記されていることです。原種やその交配種であれば、記された名前から原産地の環境や性質を調べることができ、栽培環境づくりや日々の管理の手がかりになります。

また、園芸品種は数多く出回っていますが、正確な名前が記されていれば、交配親をたどれる場合もあります。長年、大切に育てるためには、信頼のおける専門店から購入したほうが安心です。

なお、購入後は春と秋の適期を待って、早めに植え替えます。すでにほかの株を育てている場合は、日ごろから使い慣れた用土を使って植え替えて、株を徐々に自宅の栽培環境に慣らしていきます。

左はよい株。全体に葉の間隔が均等で締まって見える。右は悪い株。外側の葉が大きく開き、葉の間がばらけていて、形が乱れている（写真の品種はラウイ×'トップシー・タービー'）。

Q 室内だけで育てられる?

戸外には栽培スペースがありません。室内だけで育てることはできますか?

A 徒長しやすいのでおすすめしません

エケベリアをきれいな形で楽しむには、日光になるべく長時間当てることが大切です。室内での栽培では、どうしても日照時間が短くなるため、徒長しやすくなります。植物育成用のLEDライトなどを使って室内で育てている方もいるようですが、私自身はその経験がないため、残念ながら、お答えできません。そこでここでは、なぜ室内では徒長しやすいかについて、説明しておきます。

一般的な植物は、根から吸った水と、葉裏の気孔から取り入れた二酸化炭素をもとに、太陽の光エネルギーを利用して、葉緑体で炭水化物と酸素をつくり出しています。しかし、エケベリアは原産地の多くが乾燥地帯のため、体内の水分を奪われないように、昼間は葉の気孔を閉じたまま過ごします。そのため、日中は二酸化炭素を取り入れることができません。その代わり、気温の下がる夜間に気孔を開き、二酸化炭素を取り入れ、体の中に蓄えて、翌日の光合成に備える仕組みになっています。

朝になって日光が当たると光合成が始まりますが、やがて蓄えていた二酸化炭素を使いきってしまい、ほどなく光合成が止まってしまいます。これが原産地ではエケベリアの成長が遅い理由です。

ところが、日本の室内で栽培すると、日光が十分に当たらず、同時に湿度も高いため、エケベリアは気孔を開いて二酸化炭素を取り入れる時間が長くなります。二酸化炭素不足で光合成を休んでいる時間が少なくなり、その分、早く成長し、それが軟弱徒長につながってしまいます。

なお、ベンケイソウ科(エケベリアも同科)の植物はこのような光合成を行う植物の代表格です。そのほかサボテン、アロエなどもこの仲間に含まれます。

エケベリアの光合成は昼夜分業型

水分の蒸散を防ぐため、昼は気孔を閉じ、二酸化炭素を吸収しながらの光合成は行わない。夜間に吸収して蓄える。

Q　簡易ビニール温室で育てたい

戸外での冬越しに簡易ビニール温室を使いたいのですが、注意点はありますか。

A　保温力は弱く、夜は低温になる

　簡易ビニール温室には、小さなフラワースタンド型のものから、中に人が入れる大きさのものまで、さまざまなタイプがあります。冬の置き場は霜の当たらない戸外の日なたですが、軒下などでなくても、簡易ビニール温室を設置できる場所があれば、戸外での管理が行えます。

　勘違いで多いのは、温室の名がついているため、内部は常に暖かいと思いがちなことです。使用されているビニールは農業用ビニールハウスに使われるものとは素材が異なり、保温性が低く、夕方は日中の暖かさが保たれるものの、夜中や明け方になると内部の温度は周囲の気温とほとんど変わらなくなります。

　簡易ビニール温室を利用する場合も、最低気温が5℃以下になる場合は夕方から朝まで新聞紙を3枚重ねにして、鉢の上にかぶせます。

　注意が必要なのは、晴天の日に扉や窓を閉めたままにしていると、内部が高温になり、蒸れてしまうことです。晴れた日は朝一番に開け、15時ごろには閉じます。

　大きめの簡易ビニール温室であれば、種類ごとに置き方を工夫します。ビニールに近い側はより温度が低下しやすいので、寒さに強いアガボイデスなどの原種や交配種などを、温度変化が小さい内側には葉が肉厚の種類を置きます。日中は蒸れないように、入り口を少し開けるか、サーキュレーターや小型のファンを稼動させて、内部の空気を常に動かすと安心です。

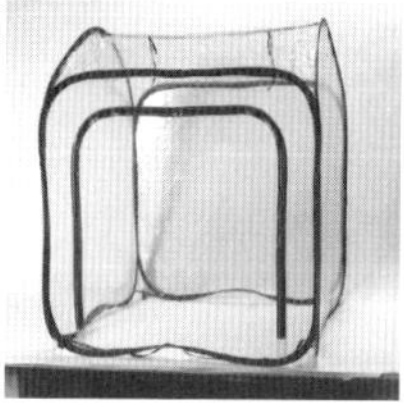

簡易ビニール温室。フレームにビニールをかぶせるだけのもの（下）から、棚状に何段も鉢が置けるもの（上）まで、さまざまな種類がある。

最高最低温度計を置いて、内部の温度をチェックするとよい。

Q　原種と園芸品種は同じ育て方?

原種を育ててみたいのですが、ほかの園芸品種と同じ育て方でよいでしょうか。

A　原種は特に高温多湿が苦手

原種はそれぞれの生育環境に適応し、特化することで生き残ってきたため、異なる環境に置かれるのは苦手です。できるだけ、原産地の環境に近づけて育てましょう。

原種に共通する性質としては、交配種や園芸品種と比べて、根の張りが弱く、日本の高温多湿の夏に弱い傾向があります。

高温を避けるため、6月中旬～9月中旬までの夏は、カンテやラウイなどの一部の種類を除き（109ページ参照）、遮光率60%の遮光ネットを張った日陰に置きます（通常の園芸品種は遮光率30%）。40℃近い高温が何日も続く場合は、遮光ネットを重ねて、さらに遮光率を高めます。また、通風にも十分に気を配り、戸外でも日中はサーキュレーターを稼動させ、夜も涼しい風がそよぐようにします。

サーキュレーターの風を株に直接当てる場合は水分が失われやすいため、通常の水管理とは変えて、中心から3枚目ぐらいの葉が張りを失ってきたら、夏でも鉢の下から3分の1が湿る程度の水やりを行います（101ページ参照）。

原種は夏の高温多湿の環境で株が弱り、下葉が枯れていき、やがて中心付近の小さな葉だけになって、幹立ちした状態になりがちです。葉が小さくなると光合成が十分には行えず、次第に株が弱り、最後には枯れてしまいます。

原種は葉ざしや茎ざしなどの成功率が低いものが多いので、植え替えで株の更新を図ります。根の張りが弱いため、植え替えは春ではなく秋に行います。春に行うと、暑い夏に向かうため、株のダメージが大きくなり、傷みやすくなります。9月に根を3cmほど残して、短く切ることで、新しい根の伸びを促すと、一種の若返りが起きて、生育がよくなります。

原種を植え替えるときの根の処理

原種の植え替えは秋の適期に行う。秋であれば、根を切っても株は傷みにくい

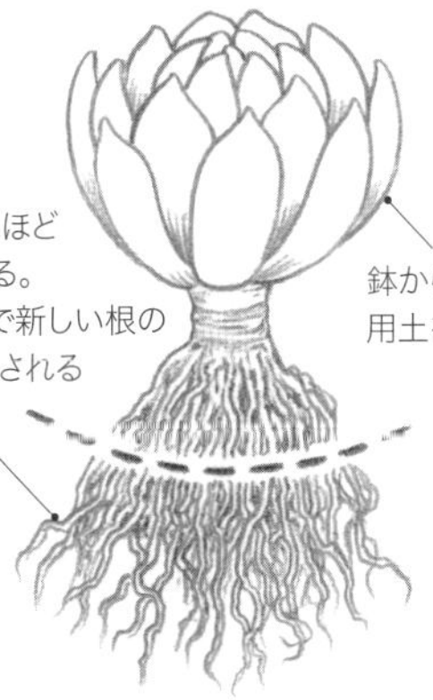
根は3cmほど残して切る。切ることで新しい根の伸びが促される
鉢から取り出し、用土を落とした株

Q　大きな株に育てたい

大型種の苗を入手しました。どのようにすれば、大きな株に育つのでしょうか。

A　少しずつ大きな鉢に植え替える

エケベリアには、大きく育てるとロゼットの直径が30cm以上になる大型種があります。比較的入手しやすいものでは、原種のカンテ、交配種の‘メキシカン・ジャイアント’、‘高砂の翁’、‘ラウリンゼ’、‘ブルー・マウンテン’などです。また、原種のラウイはこれらよりもやや小さい中型種ですが、丸く肉厚の葉で白い粉が表面を覆っているのが特徴で、大きく育てると存在感のある株姿が楽しめます。

苗は小型種と同様に2.5号（直径約7.5cm）程度の鉢で出回っています。同じ大きさの鉢に植え替えていると、大きく育つことはありません。中型から大型の種類を大きく育てるには、少しずつ大きな鉢に植え替えていきます。

まず、2.5号鉢で株が大きく育ったら、秋に5号鉢（直径約15cm）に植え替えて、2年程度そのまま育てます。その後、株が大きくなったら、中型種は8号鉢（直径約24cm）、大型種はさらに大きくしたあと尺鉢（直径約30cm）へ植え替えていきます。初めて尺鉢での栽培に挑戦するなら、園芸品種で育てやすい‘高砂の翁’がおすすめです。

なお、小型種でも年数を重ねることで大きな鉢で楽しむことができます。ロゼットの中心部分を切り（75ページ参照）、わき芽の発生を促すと、複数の「頭」をもつ株になります。さらに頭の中央部分を切ることを繰り返していくと、「多頭」の大株に育ちます。

直径20cm以上に育ったカンテ（右）、ラウイ（奥）。

多頭づくりにしたエレガンス。

Q ラウイが枯れてしまった

夏の間もしっかりと遮光していたのに、秋に元気がなくなり、冬には枯れてしまいました。どうしたのでしょうか。

A 夏は遮光せずに育てる

ラウイ、カンテ、'メキシカン・ジャイアント'など、葉が白い粉で覆われている種類は、ほかの種類とは異なり、真夏も遮光を行わず、しっかりと日光に当てます。遮光をすると、白い粉が薄くなって、葉の表面の細胞が紫外線にさらされて傷みやすいだけでなく、葉自体も薄く、柔らかくなってしまいます。この状態で秋から冬にかけて湿度が高い日が続くと、気孔から入った病原菌に侵され、やがて枯れてしまいます。

霜が降りなくなった4月下旬に、軒下などから日光がより当たる場所に移動させて、徐々に強い光に慣らします。植え替え時は水はけを優先して、赤玉土、鹿沼土、軽石のいずれも中粒を混ぜた用土を使い、腐葉土は用いません。

梅雨どきも戸外に置き、少しでも日光に当てます。雨に当ててもかまいませんが、長雨になると白い葉に黒斑ができて観賞価値を損なうことがあるので、何日も雨が続く場合は雨よけの下へ移動させます。

Q 葉が割れた

春から順調に育ち、葉がふっくらと育っていましたが、突然、縦にひびが入り、割れてしまいました。病気でしょうか。

A 春の植え替え時の元肥を規定量に

春の植え替え時に元肥を多く施しすぎたのではないでしょうか。エケベリアを肉厚で締まった姿に育てる場合は、特に春の成長期に肥料分を多めに施すのがコツです。葉の表面の細胞が堅くなって、葉の内部に水をためられるようになるため、その分、肉厚に育つからです。

ところが、肥料分が多すぎると株の生育が過剰になり、葉が盛んに水を吸って内側から膨張するのに対して葉の表面の細胞の成長が間に合わず、縦に割れてしまいます。特に水を蓄えやすい肉厚の種類では葉の割れが発生しやすい傾向があります。

割れた傷口から菌が入って腐ることもあるので、葉に水がかからないようにします。傷口がきれいに乾けば、問題はありません。割れやすいのは下葉なので、秋の植え替え時に傷んだ下葉をつけ根から取り除きます。翌年の春の植え替え時の元肥は規定量にし、植物の様子を見ながら、必要であれば液体肥料で追肥を行います。

Q タネの保存方法は?

7月にタネをとりました。秋になり、少し気温が下がってから、まこうと思います。タネの保存はどうすればよいでしょうか。

A ビニール袋に入れ、冷蔵庫で保存

発芽適温は20～25℃です。夏にタネをとりまきにすると、高温多湿下で病気が発生しやすくなります。発芽適温になる10月を待って、タネをまきましょう。

タネの入った果実ごとジッパーつきのビニール袋に入れ、水分が入ったり、タネの中の脂肪分が乾燥したりしないように密封して、冷蔵庫で保存します。タネの寿命は短いので、来年の春までにまきます。

なお、販売店などからタネを入手した場合には、タネをまく1週間前に冷蔵庫に入れて低温に当てると、発芽促進の効果があります。

タネの保存方法

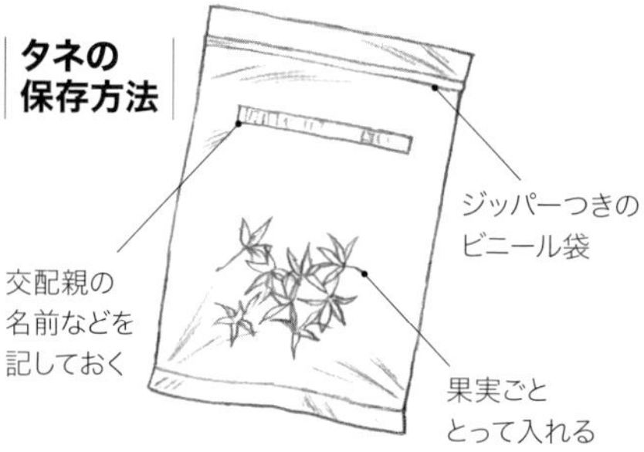
ジッパーつきの
ビニール袋
交配親の
名前などを
記しておく
果実ごと
とって入れる

Q 道具の殺菌は?

ナイフやハサミは使う前に消毒するべきだと聞きましたが、具体的にどのようにすればよいでしょうか。

A ほかの株に触れる前に火などで消毒

葉や茎を切るときに用いるナイフやハサミなどの道具に、ウイルスや病原菌が付着していると、切り口から株に侵入し、病気の原因になってしまいます。特にウイルスに感染すると回復することがないので、要注意です。

そこで作業の前には、株に直接触れるナイフやハサミの刃先をライターの火などであぶって、熱によって消毒をします。株がウイルスや病原菌に感染しているかどうかは、見ただけでは判断が難しい場合があるので、一度株に触れたナイフやハサミは、別の株に触れる前に必ず消毒するようにしましょう。

また、使用したトレイなどの道具や指先からウイルスが感染することもあります。火であぶることのできないものは、ほかの株に触れる前に、濃度30%のアルコールで消毒しておきます。

エケベリア種名・品種名索引

本書に写真を掲載した
エケベリアとその属間交配種の種名・品種名を
五十音順に一覧にしました。
（太字は原種、細字は交配種）

ア行

カ行

サ行

タ行

ナ行

ハ行

マ行

ヤ行

ラ行

NHK 趣味の園芸

12か月栽培ナビ NEO

多肉植物 エケベリア

2021年3月20日 第1刷発行
2023年1月25日 第3刷発行

著者／松岡修一

発行者／土井成紀
発行所／NHK出版
〒150-0042
東京都渋谷区宇田川町10-3
電話／0570-009-321（問い合わせ）
　　　0570-000-321（注文）
ホームページ
https://www.nhk-book.co.jp
印刷／凸版印刷
製本／ブックアート

Printed in Japan
ISBN978-4-14-040295-5　C2361

松岡修一

まつおか・しゅういち／1978年、奈良県生まれ。奈良県で多肉植物の生産・販売を行う「たにっくん工房」を経営。エケベリアをはじめ、ユーフォルビア、ハオルチアなどの育種にも取り組む。ブログやSNSで「生産しているからこそわかること」を発信している。

たにっくん工房
https://www.tanikkun-koubou.com/

アートディレクション
岡本一宣
デザイン
小埜田尚子、佐々木 彩、木村友梨香、大平莉子（O.I.G.D.C.）
撮影
田中雅也
イラスト
角 愼作
写真提供
長田 研、松岡修一
取材・撮影協力
たにっくん工房、Succulents Factory、優木園、青雲園芸 趙輝、HALKA SUCCULENT
DTP
滝川裕子
校正
安藤幹江、髙橋尚樹
編集協力
三好正人
企画・編集
加藤雅也（NHK出版）